混凝土及钢—混凝土组合梁剪力滞效应理论分析

程海根　著

人民交通出版社股份有限公司

北　京

内 容 提 要

本书系统介绍了混凝土箱梁、T 梁、钢—混凝土组合箱梁和 T 梁剪力滞效应计算理论及计算方法，并通过试验与理论相结合的方法研究了斜拉桥主梁剪力滞效应分布。内容包括混凝土梁、钢—混凝土组合梁截面正剪力滞效应基本方程推导，负剪力滞效应基本方程推导，剪力滞系数影响参数分析，斜拉桥主梁剪力滞效应计算理论与试验研究。

本书适于从事桥梁及其他结构研究和计算的工程技术人员使用，亦可供大专院校桥梁工程以及其他相关专业的师生参考使用。

图书在版编目(CIP)数据

混凝土及钢混凝土组合梁剪力滞效应理论分析/程海根著. — 北京：人民交通出版社股份有限公司，2019.12

ISBN 978-7-114-16255-8

Ⅰ. ①混… Ⅱ. ①程… Ⅲ. ①钢筋混凝土结构—组合梁—剪力—研究 Ⅳ. ①TU323.3

中国版本图书馆 CIP 数据核字(2020)第 009909 号

书　　名：混凝土及钢—混凝土组合梁剪力滞效应理论分析

著 作 者：程海根

责任编辑：潘艳霞

责任校对：孙国靖　扈　婕

责任印制：刘高彤

出版发行：人民交通出版社股份有限公司

地　　址：(100011)北京市朝阳区安定门外外馆斜街 3 号

网　　址：http://www.ccpress.com.cn

销售电话：(010)59757973

总 经 销：人民交通出版社股份有限公司发行部

经　　销：各地新华书店

印　　刷：北京虎彩文化传播有限公司

开　　本：720×960　1/16

印　　张：7.25

字　　数：152 千

版　　次：2019 年 12 月　第 1 版

印　　次：2019 年 12 月　第 1 次印刷

书　　号：ISBN 978-7-114-16255-8

定　　价：60.00 元

前言

Foreword

剪力滞效应问题在很早以前就有学者对其进行研究，当时局限于航空领域的金属结构方面的研究。直到20世纪70~80年代，由于忽略剪力滞效应导致多座桥梁破坏的问题才引起各国学者的注意。经过20多年的发展，对剪力滞问题的研究也取得了一些成果，解决了部分实际工程问题。但许多问题并没有完全得到解决，一些新的问题又不断出现，因此，需要进一步的深入研究和相应试验的验证。

近几十年来，部分桥梁包括一些大跨度桥梁先后采用钢—混凝土组合梁作为主要承重构件，钢梁可以采用轧制或焊接钢梁。钢梁形式有工字钢、槽钢或箱形钢梁。混凝土板与钢梁之间用剪力键连接，使混凝土板作为梁的翼缘与钢梁组合在一起，两者共同参与工作。其特点是使混凝土受压，钢梁主要是受拉与受剪，且侧向刚度大的混凝土板与钢梁组合在一起，很大程度上避免了钢结构发生整体失稳与局部失稳现象。故钢—混凝土组合梁与钢梁、混凝土梁相比具有许多优点：节省钢材，与传统的非组合结构相比，节省钢材25%~30%；降低建筑高度；减少冲击且耐疲劳；减少钢梁腐蚀；减少噪声；维修养护工作量较少；重量较轻；制造安装较为容易；施工速度快，工期短等。由于组合梁翼板中混凝土材料受收缩、徐变影响，截面内力或截面应力产生随时间而变化的重分布现象，从而导致组合梁截面剪力滞效应具有时效性。

斜拉桥是主跨400m以上大跨度桥梁常用桥型之一，其主梁在荷载作用下承受弯矩与轴力的共同作用，由于轴向力的存在，其剪力滞效应分析不同于一般的桥型主梁截面。传统的分析理论不再适宜于斜拉桥主梁，分析其剪力滞效应时应将弯矩和轴力作用分开处理。

本书共6章，部分研究内容得到了国家自然科学基金项目(51068005)资助。

本书在编写过程中参考了大量文献及试验计算成果，不论参考文献是否列出，在此一并致谢。为了本书的出版，编辑、校对付出了辛勤劳动，在此表示衷心感谢。

读者在使用本书过程中，如发现不妥之处，请函寄华东交通大学土木建筑学院编者收（邮编：310013；江西省南昌市昌北开发区双港东大街808号）。

作　者

2019年7月

目 录

Contents

第1章　概述

1.1　国内外桥梁概述

随着交通事业的发展以及城市化速度的加快，桥梁在日益繁忙的公路和城市交通中显得更加重要。许多新的桥型、大跨宽桥以及特宽桥相继出现，各种桥梁截面形式纷纷被采用，其中箱形截面形式就是常被采用的形式之一。箱形截面又分很多截面形式，其中采用单箱截面的（包括单箱多室）有法国 Pyle 桥（1967 年，宽 9m）、联邦德国 Main 桥（1977 年，宽 38.5m）、澳大利亚 Gateway 桥（1985 年，宽 22.2m）、中国广东中堂大桥（1983 年，宽 21m）、中国湖南常德大桥（1983 年，宽 18m）、中国广东海印大桥（宽 35m）、中国湖南湘江北大桥（宽 30.1m）；采用两箱以及多箱的有瑞士 Mosel 桥（1974 年，宽 36.5 ~ 49m）、奥地利 New Reichs 桥（1981 年，宽 26.1m）、中国济南黄河桥（宽 34.5m）等。箱形截面常被采用是由于其独特的力学特性和构造特点所决定：它具有较大的刚度和强大的抗扭性能，因而在偏心荷载作用下对箱梁较多片主梁的 T 梁（或 I 梁）大为有利，从而节省了材料；箱梁具有较大面积的底板，可以允许在它的顶、底板布置大量预应力筋，从而可以承受正、负弯矩，所以它适用各种桥梁结构体系。工程中所用的箱梁是指薄壁箱形截面的梁，梁弯曲初等理论不再适用于薄壁箱梁。

梁弯曲初等理论的基本假定是变形的平截面假定，它不考虑剪切变形对纵向位移的影响，因此，弯曲正应力沿梁宽方向是均匀分布的。但在箱形梁中，产生弯曲的横向力通过肋板传递给翼板，而剪应力在翼板上的分布是不均匀的，在肋板与翼板的交接处最大，随着离开肋板的距离增加而逐渐减小，因此，剪切变形沿翼板的分布是不均匀的。由于翼板剪切变形的不均匀性，引起弯曲时远离肋板的翼板之纵向位移滞后于近肋板的翼板之纵向位移，因此弯曲应力的横向分布呈曲线形状，这种弯曲应力分布不均匀的现象，称作剪力滞效应。剪力滞效应常用剪力滞系数 λ 来衡量，λ 的经典定义为：

$$\lambda = \frac{\text{考虑剪力滞效应所求得的法向应力}}{\text{按初等梁理论所求得的法向应力}} \tag{1-1}$$

当 λ 值大于 1 时，称为正剪力滞效应；而当 λ 值小于 1 时，称为负剪力滞效应,负剪力滞效应常被认为是一种反常的力学现象。

剪力滞效应足以产生应力集中,严重的则导致箱梁损坏。剪力滞效应不仅出现在箱形截面中,在T形和I形梁等开口截面中同样也会出现剪力滞效应。高耸的筒体结构(如桥塔、框筒建筑等)在风荷载等水平荷载作用下,如同一根悬臂梁,也会产生剪力滞效应,引起结构内力和截面应力分布不均,甚至导致结构破坏。剪力滞效应不仅在桥梁结构的截面中发生,在其他诸如加筋土、螺栓连接的构件等结构中也会出现类似的剪力滞现象,所以对剪力滞问题进行全面、深入的研究很有必要。

剪力滞效应在很早以前就有学者对其进行过分析。1924年卡门(T. V. Kármán)对宽翼缘的T梁探讨了翼缘有效分布宽度问题,就涉及了剪力滞效应的研究。E. Reissner(1946)、Winter(1940)、Brendel(1964)、Sabnis and Lord(1976)、Foutch and Chang(1982)、Irrcher(1983)、Maiser(1986)、Křǐstek and Bazant(1986)等人对剪力滞效应也做了大量的调查、分析和试验。其中卡门(T. V. Kármán)最早涉及剪力滞效应的理论推导,他曾取一跨径为$2l$且承受余弦形荷载的连续梁为解析对象,利用最小势能原理,推导出连续梁有效分布宽度,称之为"卡门理论",这一理论主要用于航空结构方面。在航空工程中,由于在轻金属飞机机身的盖板下布置了许多小型I字梁,受力之后剪力滞效应要比桥梁结构严重得多。这种不均匀的应力状态在美国工程界称为"剪力滞效应",在英国则称之为"弯曲应力的离散现象"。开始工程界并没有对这个问题加以重视,直到1969年11月至1971年11月期间,由于在奥地利、英国、澳大利亚、德国相继发生了四起钢梁失稳或破坏事故,事后经过分析明确了这四座桥的计算方法存在严重的缺陷,其中一项就是设计中没有认真对待"剪力滞效应",因此导致应力过分集中,造成结构的失稳或局部破坏,从而引起各国学者的广泛关注。国内近几年相继建造了大量的箱形薄板梁桥,T构、刚构、斜拉桥,特别是一些宽跨比较大,宽高比也较为突出的桥,这些桥的剪力滞效应是较为严重的。其中一些桥梁就出现过由于在设计时没有充分考虑剪力滞效应,而导致在施工中甚至在使用中出现破坏的现象。

近几十年来,部分桥梁包括一些大跨度桥梁先后采用钢—混凝土组合梁作为主要承重构件,钢梁可以采用轧制或焊接钢梁。钢梁形式有工字钢、槽钢或箱形钢梁。混凝土板与钢梁之间用剪切连接件连接,使混凝土板作为梁的翼缘与钢梁组合在一起,两者共同参加工作。其特点是使混凝土受压,钢梁主要是受拉与受剪,且侧向刚度大的混凝土板与钢梁组合在一起,很大程度上避免了钢结构容易发生整体失稳与局部失稳的弱点。钢—混凝土组合梁与钢梁和混凝土梁相比具有许多优点：节省钢材，与传统的非组合结构相比，节省钢材25%～30%；降低建筑高度；减少冲击且耐疲劳；减少钢梁腐蚀；减少噪声；维修养护工作量较少；重量较轻；制造安装较为容易；施工速度快，工期短等。由于组合梁翼板中混凝土材料的收缩、徐变影响，截面内力或截面应力会出现随时间而变化的重分布现象，从而导致组合梁截面剪力滞效应具有时效性。目前有关组合梁剪滞效应分析的文献很少，尤其国内还未见到关于这方面的文献，许多文献中对组合梁的研究大多数未考虑其剪力滞效应。对于混凝土板与钢梁组合的梁，最普遍的是用焊于钢梁上的带头的栓钉连接。剪切连接件的可靠连接是混凝土板与钢梁是否组合成一个整体，共同工作的关键。如果连接件能完全抵抗由外荷载产生的纵向剪力，从理论上讲混凝土与型钢间的滑移应当为零。但实际上荷载很小时，混凝土与型钢间即存在滑移。以下因素影响滑移：

①试件中连接件的数量；

②混凝土板中的平均纵向应力；

③混凝土板的厚度；

④混凝土的强度；

⑤连接件邻近区配筋的多少与布置；

⑥混凝土握裹连接件的紧密程度；

⑦混凝土侧向位移的自由度；

⑧钢与混凝土的黏结力。

因此，在综合考虑组合梁相对滑移、收缩和徐变的情况下，对其进行剪力滞效应分析是非常必要的。

由于大量桥梁的建造和剪力滞效应引起的问题出现，剪力滞效应研究引起各国学者的注意，成为研究的热点，各种计算理论、方法相继出现。部分研究成果已纳入规范之中，如英国规范和德国工业标准规范等。国内学者湖南大学程翔云及汤康恩推广了比拟杆法；同济大学张士铎和丁芸深入探讨了能量变分法求解箱梁剪力滞效应；福州大学的房贞政以及东南大学的宋启根等在美国土木工程学会结构学报上分别发表论文探讨了箱梁剪力滞这一问题。

1.2 国内外研究状况

近20年来，国内外许多学者针对剪力滞问题提出了许多理论和计算方法，并在实际工程中做了大量的试验铺以论证，取得了一些成果，解决了部分实际工程问题。计算理论及计算方法综合如下。

1.2.1 解析理论

弹性理论解法有如下几种。

1)调谐函数法

调谐函数法是以肋板结构为基础,取肋板和翼板为隔离体,肋板由初等梁理论分析,而翼板由平面应力分析,用逆解法求解应力函数,然后根据肋板和翼板之间的静力平衡条件和变形条件,建立方程组,求出未知数,从而导出翼板的应力和挠度解。早在1924年,冯·卡门就利用该方法解决了无限宽翼缘板的应力分布及其有效分布宽度问题,LEE JAN 在卡门的基础上分析了无限宽翼缘简支T梁的有效分布宽度问题。SONG Qi-Gen 根据一些合理的假定,用平面弹性应力为I形、T形以及箱形截面梁在翼缘中的应力发展了一种调谐剪力滞分析,并导出了简化的计算公式。EVANS H R 等采用调谐函数法分析了单箱多室截面的剪力滞问题,并与有限元法和试验做了比较。Vladimír Krístek 等用此法求解了无加劲肋、有加劲肋和组合截面的三种钢悬臂梁翼板的负剪力滞。

2)正交异性板法

正交异性板法是把肋板结构比拟成正交异性板,其肋的面积假定均摊在整个板上,然后应用弹性薄板理论,从边界条件出发,导出肋板结构的应力和挠度公式,获得剪力滞问题的解。E. Reissner 早在1938年把上下板为波纹状的悬臂矩形箱梁截面的剪力滞问题比拟成一正交异性板进行了分析和研究,并作了一些近似简化处理。Hildbrand 假定板的横向伸长量忽略不计,从弹性理论中的边值问题出发,将箱梁比拟成正交异性板,导出了箱梁剪力滞问题的解答。Abdel-Sayed 曾在1969年把正交异性板法应用于钢箱梁的桥道板的剪力滞分析,称之为“赛德微分方程”,后来 Malcolm 等人进一步用它来分析加劲箱梁的剪力滞问题。A. O. ADEKOLA 等人将该方法应用于组合梁剪力滞效应分析中,得到了考虑剪力连接件刚度影响的组合梁剪滞效应解析解。

3)折板理论法

折板理论法是将箱梁离散为若干矩形板,以弹性平面应力理论和板的弯曲理论为基础,利用各板结合处的变形和静力平衡条件,建立方程组,可以用矩阵形式进行计算。弹性折板理论首先由 Goldberg 和 Leve 等提出,并由 Defries Skeme 和 Scordelis 写成矩阵形式而适应于计算机的分析。Chu 和 Pinjarlcar 则把此法用于复式折板结构,并进一步扩展应用于箱梁桥的分析。Van Dalen 和 Narasimham 用折板理论对宽矮箱梁的剪力滞问题进行了研究,并指出翼板的宽跨比和梁的边界条件是影响剪力滞效应的主要因素。Yoshimurd 将折板理论推广应用于曲线梁桥的剪力滞分析,并研究了曲率对剪力滞效应的影响。蔡松柏等将带悬臂翼缘的箱形梁离散成若干块平板,对各板按弹性力学的平面应力问题进行处理,利用各板之间的变形谐调条件求得箱梁的应力和位移的解析解。弹性理论解法是解决简单力学模型的有效方法,多数局限于等截面简支梁。该法以经典的弹性理论为基础,能获得较精确的解答,但弹性力学方程的求解体系并未发生根本性的变革,引起分析和计算公式烦琐,使其在工程实际问题中的应用受到了一定的限制。因此,弹性理论解法只能解决很少一部分问题,早已无法适应复杂的结构分析的要求。

1.2.2 比拟杆法

比拟杆法是将处于受弯状态的箱梁结构比拟为只承受轴向力的杆件与只承受剪力的等效薄板的组合体,然后根据杆与板之间的平衡条件和变形协调条件建立起一组微分方程,每块翼板中所产生的剪力滞特性,可以通过理想化加劲杆的内力来确定。理想化加劲杆等于实际加劲杆面积加上邻近薄板所提供的面积。比拟杆法首先应用于航空工程中飞机薄板的构造设计上,最早探讨这个问题的是 Younger,他提出了"加劲薄板理论",即用等厚度连续薄板来代替离散的纵向加劲肋,并假设由它承受所有的轴向荷载。从泊松比为零,可以导出用级数来表示的纵向应力和剪力滞应力,这个理论尽管保证了原来的板和等效加劲薄板位移的相容性,但认为这两种板仍有所不同。Hadji Argyris 在此基础上,提出了"有限加劲肋理论",即把纵向加劲肋视为离散的仅承受轴向荷载的杆件,杆件之间用仅承受剪力的系板连接,板本身的承载能力可以简单地确定为是一块附加在离散纵向加劲杆件上的面积。后来 Kuhn 等提出一种简单加劲肋代换法,考虑了肋板剪力流的影响,解决了在轴向力作用下具有三根加劲肋的板和悬臂箱梁受弯时的剪力滞效应分析问题。英国学者 Evans 和 Taherian 作了进一步的改进,提出了"三杆法"理论,使之更适应于一般受弯矩形箱梁结构的剪力滞分析。国内学者程翔云教授等在上述研究的基础上,对等效翼板面积、板厚和各比拟杆面积的计算公式做了改进,在求解高阶微分方程时,提出了用样条函数逼近法求解高阶微分方程组,解决了带悬臂翼板等截面矩形箱梁结构以及 T 形梁剪力滞的计算问题。张士铎等人又将三杆比拟法用到求解变截面连续箱梁中去,实例分析证明三杆比拟法精度是足够的,且可以避免解多元联立的微分方程组,不需要用有限条或样条函数就能得到结果。

比拟杆法通过一些基本假设,简化了力学模型,但它一般适合于等截面箱梁,对于一些复杂力系和复杂结构的剪力滞分析仍然有一定的困难。

1.2.3 能量变分法

能量变分法是从假定箱梁翼板的纵向位移模式出发，以梁的竖向位移和描述翼板剪力滞的纵向位移差的广义位移函数为未知数，应用最小势能原理，建立控制微分方程，从而获得应力和挠度的闭合解。能量变分法最早由 Reisser 提出，假设翼板的纵向位移沿横向按二次抛物线分布，即：

$$u(x,y) = \pm h_i\left[\frac{\mathrm{d}w(x)}{\mathrm{d}x} + \left(1 - \frac{y^2}{b^2}\right)u(x)\right] \tag{1-2}$$

式中：$u(x,y)$——纵向位移；

$w(x)$——梁的竖向挠度；

b——箱梁净宽的一半；

$u(x)$——剪切转角的最大差值；

h_i——从截面形心到所研究构件形心的距离。

然后根据最小势能原理，导出了梁的微分方程，Kuzmanovic 等采用 Reissner 方法分析了带对称伸臂的矩形箱梁的剪力滞。日本学者小松定夫、近藤和夫、中井・博及事口寿男等相继在瑞斯纳(Reissner)理论的基础上，对加劲钢 π 形、矩形箱和 T 形等截面形式的简支、悬臂和连续梁的剪力滞和负剪力滞现象进行研究，提出了钢箱梁桥的有效分布宽度的计算方法和图表。美国堪萨斯州立大学教授 B. Kuzmanovic 及 Graham 在 1981 年沿用瑞斯纳(E. Reissner)微分方程，对带悬臂翼板的宽度为 4W 的混凝土矩形截面箱梁的剪力滞效应进行分析，并对一个实际的三跨连续梁受均布线荷载作用的剪力滞效应进行解析，将其结果与德国工业规范(DIN1075)做了比较，吻合较好。

国内学者郭金琼教授等在 Reissner 微分方程的基础上，将翼板纵向位移沿横向分布函数修改为三次抛物线，并用模型试验和数值分析加以验证。倪元增采用余弦函数作为翼板剪力滞翘曲位移函数，并考虑了轴力自身平衡条件，分析了槽型宽梁和箱梁的剪力滞。程翔云等应用能量变分法进一步研究了压弯箱形结构的剪力滞，并探讨了轴向力对剪力滞的影响；CHANG S T 利用叠加原理，计算了布置预应力筋与自重组合后的剪力滞效应。通过能量变分法分析，FOUTCH D A 等发现了一种异常现象，所谓的负剪力滞；SUSHKEWICH K W 对负剪力滞做了解释；程翔云从物理概念上澄清了负剪力滞现象；罗旗帜、俞建立等分别研究了常截面和变截面悬臂箱梁的负剪力滞变化规律。近几年来，能量变分法又被推广应用于曲线箱梁和复合材料箱梁的剪力滞效应分析，并获得了良好结果。SINGH Y、NAGPAL A K 将此法推广应用于高层建筑边框筒结构的剪力滞分析。彭大文、颜海等分别利用伽辽金方法和里兹样条法求解能量变分法所推导出的微分方程以及相应的边界条件,得到曲线箱梁剪力滞效应解。刘世忠等利用能量变分法推导出薄壁箱梁考虑剪力滞和剪切变形双重效应的微分方程。

能量变分法可以获得闭合解,不仅能描绘出任意截面剪力滞效应的函数图像,而且还可以定性地分析每种不同参数的影响情况,这种方法在桥梁初步设计中颇受工程师的欢迎,但该法一般也只适应于等截面箱梁,目前仍无法获得变截面箱梁的闭合解。另外,该法将翼板作了平面应力假设,尽管所获得的最大应力与实际应力相接近,但在翼板的自由端仍存在较大的误差,并且不同位移模式的假定对计算结果具有一定的影响,如何合理地选择位移模式还有待进一步研究。

1.2.4 数值解法

1)有限单元法

有限单元法是在20世纪60~70年代发展起来的强有力的数值分析方法,用它可以分析形状十分复杂的非均质的各种实际工程结构,可以在计算中模拟各种复杂的材料本构关系、荷载和条件,通过前后处理技术实现图形化的方案比较和结果的图形化显示。因此,有限单元法能用来分析等截面或变截面梁桥的剪力滞问题。Moffatt 和 Dowling 通过有限单元法对影响箱梁剪力滞效应的各种参数做了系统的分析与研究,提出了各种荷载下的不同宽跨比、支承形式、截面加劲情况的有效宽度比,这些分析结果已纳入《英国标准桥梁规范》有关组合梁剪力滞计算准则中。黄剑源等用有限单元法计算了变截面箱形连续梁桥的剪力滞效应;魏丽娜等在有限单元分析基础上,提出采用当量截面法的剪力滞近似计算方法。谢旭等用一般杆系结构刚度法原理,通过对普通杆件增加四个节点位移未知量,推导出约束扭转下翘曲、畸变和剪力滞效应的箱形梁空间单元刚度矩阵和均布荷载作用下的等效节点力向量计算式,使箱形梁桥结构分析可按一般杆系结构刚度法进行。

虽然有限单元法的分析能力很强,但实际工程问题有时很复杂,计算分析之前仍需要进行一定的概化和假定;另外,有关的计算参数和设计荷载也有一定的近似性,这些都对计算精度有影响。在进行工程分析时,一方面,要设法使计算中采用的概化假定、计算参数和设计荷载等尽量符合实际情况;另一方面,在选取计算网格和分析计算结果时也要注意到这些因素的不确定性所产生的影响。

2)有限条法

有限条法是从有限单元法发展出来的一种半解析法，该法由张佑启(1968，1969)首先提出，它可以看作是有限元法在用最小总势能原理导出未知节点位移参数与外荷载关系的位移表达式的一种特殊形式。两种方法的基本区别在于假定的位移形式。与有限单元法相比，有限条法具有简单、计算量小的优点。此法是分析等截面简支梁桥的有效方法。国内外许多学者采用了这种方法分析箱形梁的剪力滞，其中杨允表等用广义的有限条方法分析了多室箱梁的剪力滞效应，推导了适应于分析剪力滞效应的有限条单元刚度矩阵。目前，有限条法应用于变截面箱梁仍有一定的困难。

3)有限差分法

有限差分法是一种传统的方法，此法是在能量变分法所求得的剪力滞微分方程组基础上，给出相应的有限差分格式，进行变截面箱梁桥的剪力滞分析。与有限元方法相比，有限差分法在取相同单元数时的计算精度比有限单元法高。张士铎用此法对直线变截面悬臂梁的剪力滞进行了分析，并探讨了负剪力滞规律；王修信等用差分法计算了变截面多跨梯形箱梁的剪力滞，并与模型试验做了比较；Luigino D、程海根分别采用不同的方法对钢—混凝土组合梁剪滞效应进行了分析，得到了组合梁剪力滞效应分布规律。

4)有限段法

有限段法也是从有限单元法发展出来的一种半解析法。罗旗帜首先提出了一种分析剪力滞效应的有限段法，该法以剪力滞微分方程的齐次解为位移模式，建立了平面梁单元的半解析有限段模型，将三维空间问题简化为一维空间，实现了在结构分析中自动计入剪力滞效应的功能。该法又被推广应用于斜拉桥、变截面箱梁桥及曲线箱梁桥的剪力滞分析。

有限单元法尽管能获得较全面而准确的应力分布图像，可以作为一种数值验证比较的好方法，亦可以检验解析理论中所作的各种假设和近似的敏感性、合理性，同时又可以使试验中无法模拟、无法控制的要素通过数值模拟实现，但它所花的时间和储存量太大，一般难以满足实用要求，尤其在初步设计阶段，工程一般采用简捷方法。

有限差分法和有限段法目前用来计算变高度箱梁的剪力滞问题。有限差分法是一种传统的数值计算方法，它的计算时间和储存量比有限单元法小，但比有限段法大。有限段法是以薄壁理论为基础，采用半解析方法，可以减少计算工作量，但由于目前采用等截面单元，在相邻单元的边界上仍然存在着高阶位移函数不连续问题，有待进一步改进。

1.2.5　模型试验

科学试验是重大工程建设中必不可缺的一环，是为结构分析提供数据和结论的主要手段之一，也是检验数值理论和解析理论正确性的主要依据。由于计算机的发展，结构分析的方法也有了飞跃的进步，虽然用计算机对结构的数学模型分析在时间和费用上有时比做结构模型试验更节省，但结构模型试验因不受简化假定的影响，能更实际地反映结构的各种物理现象、规律和量值。有时对于一些复杂的结构和复杂状况用计算机来完全模拟还有困难，而模型试验却可清晰且直观地展示这种情况下整个结构从受载直到破坏的全过程。

郭金琼完成了有机玻璃制作的梁式桥模型，测试了 13 个方案 31 个截面的剪力滞效应，并且针对不同的结构形式、支承约束条件、荷载形式进行了试验，验证了简支矩形箱梁的剪力滞理论。罗旗帜完成了直线变截面悬臂梁的负剪力滞试验研究。程翔云制作了两个不同横截面尺寸的箱梁有机玻璃模型，针对箱梁在轴向和横向荷载共同作用下的剪力滞问题进行试验研究，获得了一些重要结论。EVANS H R、AHMAD M K H 制作了 5 个不同钢箱梁模型，分别对单箱单室、单箱双室及组合箱梁的剪力滞进行试验研究，为制定英国桥梁规范提供了参考。近几年来，随着大跨径桥梁的迅速发展，为确保工程的安全性和可靠性，设计人员常采用模拟实桥进行试验研究。我国钱塘江公路二桥进行了1∶40的桥梁结构模型试验，研究了变截面多跨连续梁的剪力滞效应，并提出了简化的计算方法。铜陵长江公路大桥进行了1∶50的桥梁整体模型试验，对斜拉桥的剪力滞计算提供了重要的依据。方志等对比例尺为1∶6的钢筋混凝土单箱单室连续梁模型进行试验；刘山洪等对比例尺为1∶7的部分预应力混凝土连续梁 0 号块节段模型进行试验研究，从测试数值可以看出，剪力滞影响随着荷载水平的提高逐步增大；它们分别验证了现有的剪力滞理论。李乔等对斜拉桥进行了混凝土模型的剪力滞效应试验，试验采用1∶5的大比例模型，避免了过去采用有机玻璃模型和模型比例较小产生的影响。试验中着重研究了塔梁结合处主梁截面的应力分布，共对 10 种工况进行了测试，获得了一些重要的成果，对类似斜拉桥的剪力滞效应分析提供了可靠的依据。

模型试验是一门古老的技术，对结构工程的技术发展仍起到了应有的作用，但是桥梁模型试验一方面要花费大量的人力和物力；另一方面诸多因素在试验中仍不可模拟和不可控制，所以单纯依赖试验手段将不可避免地有很大的局限性。

1.3 主要研究内容

由上述对目前剪力滞效应研究所作的介绍可知,虽然剪力滞问题很早就引起各国学者的注意,并且提出了各种计算理论,但许多问题并没有完全得到解决,同时一些新的问题不断出现。研究其机理以及计算方法、规律,不但可以解决工程实际问题,而且能从中发现新的问题。诸如采用能量变分法分析箱梁剪力滞效应时合理位移模式的假定,组合箱梁中剪力连接件刚度对其剪力滞效应的影响,产生负剪力滞效应的原因,预应力对箱梁剪力滞的影响,剪力滞与徐变的相互影响,长期荷载作用下剪力滞对箱梁挠度的影响,各种荷载作用下的不同宽跨比、支承形式、截面加劲肋、截面尺寸相互之间比例等各种影响箱梁剪力滞效应的参数分析都是研究的热点,也是制定相应规范的依据。

针对目前研究中存在的一些问题,本书主要进行如下研究。

①简化箱梁结构计算模型,并从理论上推导相应的剪力滞效应方程以及相应的边界条件,通过算例验证计算理论的可靠性和计算模型的可行性。

②对混凝土的收缩、徐变机理进行分析研究,建立考虑相对滑移、收缩和徐变影响的组合梁箱梁剪力滞效应方程,并分析各主要参数对组合梁剪力滞效应的影响。

③从理论上分析负剪力滞现象产生的原因,推导产生负剪力滞的条件并对负剪力滞的分布规律和影响参数进行分析。

④利用本书所推导的剪力滞效应方程和相应的计算方法,进行箱梁剪力滞效应参数分析,总结参数与剪力滞效应之间的分布规律,为实际工程中的箱梁剪力滞效应分析提供参考。

⑤通过剪力滞效应模型试验来验证所提出的剪力滞效应计算理论和分析方法。

第 2 章　变分法求解箱梁剪力滞效应

本章主要介绍基于能量变分法基础上的最小势能原理，推导出系统的总势能表达式。根据最小势能原理通过变分法最后得到带有不同边界条件的一组微分方程，在建立方程时本书以具有代表性的梯形截面为例，其他的截面形式都可以看作梯形截面的一个特例。

2.1　等截面箱梁

2.1.1　基本假定

图 2-1 所示为一典型的箱梁梯形截面，坐标系和截面尺寸如图所示。在不影响计算结果的情况下为简化分析忽略次要因素的影响，特做如下假定。

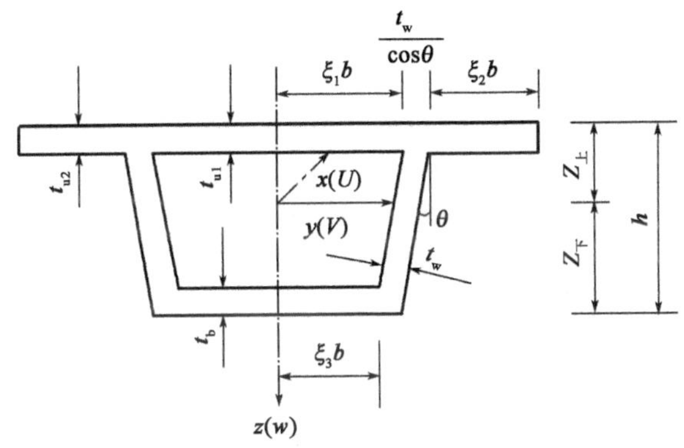

图 2-1　箱梁梯形横截面

(1)在竖向荷载作用下整个截面的变形有三个特点：

①中和轴仍位于按初等梁理论计算的位置；

②腹板的变形仍符合平面假定；

③翼缘板由于剪切变形的滞后影响，使其纵向位移 $u(x,y)$ 沿宽度方向(图 2-1 所示的 y 方向)成曲线分布，在此假定剪力滞效应引起的纵向位移沿 y

向呈余弦函数分布。

(2)在此假定翼缘板的竖向纤维无挤压,即 $\varepsilon_z=0$,板平面外的剪切变形 γ_{xz} 与 γ_{yz} 以及横向变形 ε_y 均很小,可以略去不计;对于腹板只计算其弯曲应变能。

(3)对于超静定梁,当计算由外荷载所引起的弯矩分布 $M(x)$ 时,不考虑翼缘有效宽度对它的影响,因此,$M(x)$ 沿跨长方向的分布是一个已知的函数。

选取图 2-1 所示 1/2 腹板间净距或翼缘板净宽两者中较大的一个作为宽度 b,为便于统一符号的编排,可将其看作 $\xi_i b$,则悬翼板以及上、下翼板宽度分别为 $\xi_1 b$、$\xi_2 b$ 和 $\xi_3 b$,引入两个广义位移 $w(x)$ 以及 $u(x)$,并假定翼板考虑剪力滞效应时的纵向位移 $u_i(x,y)$ 为:

$$\left.\begin{aligned}
&\text{顶板} \quad u_1(x,y) = -Z_{\text{上}}w'(x) - u(x)\cos\frac{\pi y}{2\xi_1 b}\\
&\text{外伸板} \quad u_2(x,y) = -Z_{\text{上}}w'(x) - \alpha_1 u(x)\cos\frac{\pi(y-\xi_1 b-\xi_2 b)}{2\xi_2 b}\\
&\text{底板} \quad u_3(x,y) = -Z_{\text{下}}w'(x) + \alpha_2 u(x)\cos\frac{\pi y}{2\xi_3 b}
\end{aligned}\right\}\tag{2-1}$$

式中:$u(x)$——翼板的最大剪切转角所致纵向位移;

$Z_{\text{上(下)}}$——上、下翼板的中面距截面中和轴的距离;

$w(x)$——箱梁服从平面假设的竖向挠度;

$u_i(x,y)$——箱梁考虑剪力滞时翼板上任意一点的纵向位移;

α_1 和 α_2——外伸板和底板剪力滞效应位移修正系数。

上式中右边第一项可看作初等梁理论对应的值,第二项为考虑剪力滞影响的修正项。

其中 α_1 和 α_2 分别表示为:

$$\left.\begin{aligned}
\alpha_1 &= \frac{Z_{\text{下}}}{Z_{\text{上}}}\\
\alpha_2 &= \frac{\xi_3^2}{\xi_2^2}
\end{aligned}\right\}\tag{2-2}$$

由式(2-2)可以看出,α_1 与截面的中和轴位置有关,α_2 和底板与外伸板的比值有关。当截面给定时,上述两个参数为常数。

2.1.2 基本微分方程的建立

根据最小势能原理,在外力作用下处于稳定平衡状态的弹性体,在满足边界条件的所有位移中，存在着一组可能的位移，该位移使得整个体系的总势能为最小，即体系总势能的一阶变分应该为零。

$$\delta_{\Pi} = \delta(\bar{U} + \bar{V}) = 0 \tag{2-3}$$

式中：$\bar{U}$——体系的形变势能；

$\bar{V}$——体系的荷载势能。

下面分别计算体系的各项势能。

1）梁受弯时的荷载势能

$$\bar{V} = -\int_0^l q(x)w(x)\mathrm{d}x \tag{2-4}$$

当梁受纯弯矩作用时，$\bar{V} = -\int_0^l M(x)w''(x)\mathrm{d}x$ 。

2）梁的各项形变势能

①腹板势能：

$$\bar{U}_{\mathrm{w}} = \frac{1}{2}\int_0^l EI_{\mathrm{w}}(w'')^2\mathrm{d}x \tag{2-5}$$

式中：E——材料的弹性模量；

I_{w}——腹板对截面中和轴的惯性矩。

②上、下翼板应变能：

$$\begin{aligned}\bar{U}_{\mathrm{fu}} &= \bar{U}_{\mathrm{fu1}} + \bar{U}_{\mathrm{fu2}}\ (\text{上翼板}) \\ &= 2\left[\frac{1}{2}\int_0^l\int_0^{\xi_1 b} t_{\mathrm{u1}}(E\varepsilon_{x\mathrm{u1}}^2 + G\gamma_{\mathrm{u1}}^2)\mathrm{d}x\mathrm{d}y + \frac{1}{2}\int_0^l\int_0^{\xi_2 b} t_{\mathrm{u2}}(E\varepsilon_{x\mathrm{u2}}^2 + G\gamma_{x\mathrm{u2}}^2)\mathrm{d}x\mathrm{d}y\right]\end{aligned} \tag{2-6}$$

$$\bar{U}_{\mathrm{fb}} = 2\left[\frac{1}{2}\int_0^l\int_0^{\xi_3 b} t_{\mathrm{b}}(E\varepsilon_{x\mathrm{b}}^2 + G\gamma_{\mathrm{b}}^2)\mathrm{d}x\mathrm{d}y\right]\quad (\text{下翼板}) \tag{2-7}$$

其中：

$$\left.\begin{aligned}\varepsilon_{x\mathrm{u}i} &= \frac{\partial u_i(x,y)}{\partial x}\quad (i = 1,2) \\ \gamma_{\mathrm{u}i} &= \frac{\partial u_i(x,y)}{\partial y}\quad (i = 1,2) \\ \varepsilon_{x\mathrm{b}} &= \frac{\partial u_3(x,y)}{\partial x} \\ \gamma_{\mathrm{b}} &= \frac{\partial u_3(x,y)}{\partial y}\end{aligned}\right\} \tag{2-8}$$

式中：t_{u1}——上翼板的板厚；

t_{u2}——悬臂板的板厚；

t_{b}——下翼板的板厚；

G——材料的剪切弹性模量。

体系的总势能为：

$$\Pi = \overline{U} + \overline{V} = \overline{U}_{\mathrm{w}} + \overline{U}_{\mathrm{fu1}} + \overline{U}_{\mathrm{fu2}} + \overline{U}_{\mathrm{fb}} + \overline{V} \tag{2-9}$$

由前面 $u_i(x,y)$ 的表达式代入式(2-8)可以得出：

$$\left.\begin{aligned}
\varepsilon_{x\mathrm{u1}} &= -Z_{上} w''(x) - u'(x)\cos\frac{\pi y}{2\xi_1 b} \\
\gamma_{\mathrm{u1}} &= -\frac{\pi u(x)}{2\xi_1 b}\sin\frac{\pi y}{2\xi_1 b} \\
\varepsilon_{x\mathrm{u2}} &= -Z_{上} w''(x) - \alpha_1 u'(x)\cos\frac{\pi(y-\xi_1 b-\xi_2 b)}{2\xi_2 b} \\
\gamma_{\mathrm{u2}} &= \frac{\alpha_1 \pi u(x)}{2\xi_2 b}\sin\frac{\pi(y-\xi_1 b-\xi_2 b)}{2\xi_2 b} \\
\varepsilon_{x\mathrm{b}} &= -Z_{下} w''(x) + \alpha_2 u'(x)\cos\frac{\pi y}{2\xi_3 b} \\
\gamma_{\mathrm{b}} &= -\frac{\alpha_2 \pi u(x)}{2\xi_3 b}\sin\frac{\pi y}{2\xi_3 b}
\end{aligned}\right\} \tag{2-10}$$

将式(2-10)代入式(2-6)和式(2-7)中得到上、下翼板的应变能分别为：

$$\begin{aligned}
\overline{U}_{\mathrm{fu}} = & \int_0^l E\left[\frac{A_{13}}{2}(w'')^2 + \frac{2A_{12}}{\pi}w''u' + \frac{A_{11}}{4}(u')^2 + \frac{G\pi^2}{16E}\cdot\frac{A_{11}}{(\xi_1 b)^2}\cdot u^2\right]\mathrm{d}x + \\
& \int_0^l E\left[\frac{A_{23}}{2}(w'')^2 + \frac{2\alpha_1 A_{22}}{\pi}w''u' + \frac{\alpha_1^2 A_{21}}{4}(u')^2 + \right. \\
& \left.\frac{G\pi^2\alpha_1^2}{16E}\cdot\frac{A_{21}}{(\xi_2 b)^2}\cdot u^2\right]\mathrm{d}x
\end{aligned} \tag{2-11}$$

$$\begin{aligned}
\overline{U}_{\mathrm{fb}} = & \int_0^l E\left[\frac{A_{33}}{2}(w'')^2 - \frac{2\alpha_2 A_{32}}{\pi}w''u' + \frac{\alpha_2^2 A_{31}}{4}(u')^2 + \right. \\
& \left.\frac{G\alpha_2^2\pi^2}{16E}\cdot\frac{A_{31}}{(\xi_3 b)^2}\cdot u^2\right]\mathrm{d}x
\end{aligned} \tag{2-12}$$

上面两式中系数 $A_{ij}(i,j=1,2,3)$ 分别为：

$A_{11} = 2t_{\mathrm{u1}}\xi_1 b$；$A_{12} = 2t_{\mathrm{u1}}\xi_1 bZ_{上}$；$A_{13} = 2t_{\mathrm{u1}}\xi_1 bZ_{上}^2$

$A_{21} = 2t_{\mathrm{u2}}\xi_2 b$；$A_{22} = 2t_{\mathrm{u2}}\xi_2 bZ_{上}$；$A_{23} = 2t_{\mathrm{u2}}\xi_2 bZ_{上}^2$

$A_{31} = 2t_{\mathrm{b}}\xi_3 b$；$A_{32} = 2t_{\mathrm{b}}\xi_{\mathrm{b}} bZ_{下}$；$A_{33} = 2t_{\mathrm{b}}\xi_3 bZ_{下}^2$

将上述外荷载势能以及体系应变能的表达式代入式(2-9)得到体系总势能为：

$$\Pi = \int_0^l M(x)w''\mathrm{d}x + \frac{1}{2}\int_0^l EI_{\mathrm{w}}(w'')^2\mathrm{d}x + \frac{1}{2}\int_0^l \left\{ E(A_{13}+A_{23}+A_{33})(w'')^2 + \frac{4E}{\pi}(A_{12}+\alpha_1 A_{22}-\alpha_2 A_{32})w''u' + \frac{E}{2}(A_{11}+\alpha_1^2 A_{21}+\alpha_2^2 A_{31})(u')^2 + \frac{G\pi^2}{16}\left[\frac{1}{(\xi_1 b)^2}A_{11} + \frac{\alpha_1^2}{(\xi_2 b)^2}A_{21} + \frac{\alpha_2^2}{(\xi_3 b)^2}A_{31}\right]u^2 \right\}\mathrm{d}x \tag{2-13}$$

令 $I_{\mathrm{f}} = A_{13}+A_{23}+A_{33}$；$I = I_{\mathrm{w}}+I_{\mathrm{f}}$；$c_1 = \frac{2}{\pi}(A_{12}+\alpha_1 A_{22}-\alpha_2 A_{32})$；

$c_2 = \frac{1}{2}(A_{11}+\alpha_1^2 A_{21}+\alpha_2^2 A_{31})$；$c_3 = \frac{\pi^2}{8}\left[\frac{A_{11}}{(\xi_1 b)^2} + \frac{\alpha_1^2 A_{21}}{(\xi_2 b)^2} + \frac{\alpha_2^2 A_{31}}{(\xi_3 b)^2}\right]$。

式中：I——忽略翼板自身惯性矩时的截面惯矩；

I_{f}——忽略翼板自身惯性矩时上、下翼板对截面中性轴的惯矩。

故可以得到简化后的体系总势能表达式为：

$$\Pi = \int_0^l M(x)w''\mathrm{d}x + \frac{1}{2}\int_0^l EI_{\mathrm{w}}(w'')^2\mathrm{d}x + \frac{1}{2}\int_0^l E\left[I_{\mathrm{f}}w''^2 + 2c_1 w''u' + c_2(u')^2 + \frac{Gc_3}{2E}u^2\right]\mathrm{d}x \tag{2-14}$$

根据变分原理 $\delta_\Pi = 0$，并通过分部积分整理后得到：

$$\int_0^l [M(x) + EIw'' + Ec_1 u']\delta w''\mathrm{d}x + E(c_1 w'' + c_2 u')\delta u\Big|_0^l - \int_0^l [E(c_1 w''' + c_2 u'') - Gc_3 u]\delta u\mathrm{d}x = 0 \tag{2-15}$$

由变分法基本原理及式(2-15)可得到微分方程及有关的边界条件如下：

$$\left.\begin{aligned}
&M(x) + EIw'' + Ec_1 u' = 0\\
&E\left(-c_1 w''' - c_2 u'' + \frac{G}{E}c_3 u\right) = 0\\
&E\left[\ c_1 w''(l) + c_2 u'(l)\ \right]\delta u(l) = 0\\
&E\left[\ c_1 w''(0) + c_2 u'(0)\ \right]\delta u(0) = 0
\end{aligned}\right\} \tag{2-16}$$

以式(2-16)前两个方程为基本微分方程，后两个方程为变分所要求的边界条件。

对于弯矩和轴力为分段函数的情况，设分段点为 x_0，通过上面所得的方程可以写出如下的变分微分方程。

当$0 \leqslant x < x_0$时：

$$\left.\begin{aligned} &M_1(x) + EIw''_1 + Ec_1u'_1 = 0 \\ &E\left(-c_1w'''_1 - c_2u''_1 + \frac{G}{E}c_3u_1\right) = 0 \\ &E[c_1w''_1(0) + c_2u'_1(0)]\delta u(0) = 0 \end{aligned}\right\} \tag{2-17}$$

当$x_0 < x \leqslant l$时：

$$\left.\begin{aligned} &M_2(x) + EIw''_2 + Ec_1u'_2 = 0 \\ &E\left(-c_1w'''_2 - c_2u''_2 + \frac{G}{E}c_3u_2\right) = 0 \\ &E[c_1w''_2(l) + c_2u'_2(l)]\delta u(l) = 0 \end{aligned}\right\} \tag{2-18}$$

在$x = x_0$处，由$\delta u_1(x_0) = \delta u_2(x_0) = \delta u(x_0)$得到：

$$E\{[c_1w''_1(x_0) + c_2u'_1(x_0)] - [c_1w''_2(x_0) + c_2u'_2(x_0)]\}\delta u(x_0) = 0 \tag{2-19}$$

式(2-17)和式(2-18)可以统一为下面的形式：

$$\left.\begin{aligned} &M(x) + EIw''(x) + Ec_1u'(x) = 0 \\ &E\left[-c_1w'''(x) - c_2u''(x) + \frac{G}{E}c_3u(x)\right] = 0 \end{aligned}\right\} \tag{2-20}$$

在两端点处边界条件为：

$$E[c_1w''(x) + c_2u'(x)]\delta u\big|_0^l = 0 \tag{2-21}$$

在中间点处边界条件为：

$$E[(c_1w''_1 + c_2u'_1) - (c_1w''_2 + c_2u'_2)]\delta u\big|_{x_0} = 0 \tag{2-22}$$

对式(2-20)中的第1式两边求导数，然后代入第2式，并作如下简化：

令$n = \dfrac{c_1I}{(c_2I - c_1^2)}$，$k = \sqrt{\dfrac{Gc_3I}{E(c_2I - c_1^2)}}$，且注意到$\dfrac{\mathrm{d}M(x)}{\mathrm{d}x} = Q(x)$，有：

$$EIw'' + M(x) + Ec_1u' = 0 \tag{2-23}$$

$$u'' - k^2u = \frac{nQ(x)}{EI} \tag{2-24}$$

上面两式即为利用变分法分析箱梁剪力滞效应所得到的位移函数控制微分方程式。方程中只含有剪切转角所致纵向位移函数$u(x)$、其导数以及与其有关的其他函数的微分方程，因此，只要求出剪切转角差函数就可以获得箱梁剪力滞效应的解。式(2-23)通过移项可以得到梁挠度二阶导数与弯矩的关系表达式：

$$w'' = -\left[\frac{M(x)}{EI} + \frac{c_1}{I}u'\right] = -\frac{1}{EI}[M(x) + M_{\mathrm{F}}] \tag{2-25}$$

式中：$M_F = Ec_1 u'$。

式(2-25)中，M_F称为剪力滞效应的附加弯矩，它与函数 $u(x)$ 的一阶导数有关，而且与翼板的参数 Ec_1 成正比。从式(2-25)可以看出，由于剪力滞效应的存在，梁的挠度与按初等梁理论计算所得的值相比有变化。

由式(2-23)和式(2-24)解出 $u(x)$ 和 $w(x)$ 代入式(2-1)中求得翼板的位移函数 $u(x,y)$，由应力与应变关系可以得到考虑剪力滞影响的翼板应力为：

$$\sigma_{xi} = E\frac{\partial u_i(x,y)}{\partial x}$$

$$\left.\begin{aligned}
&\text{顶板} && \sigma_{x1} = -E\left[Z_{\text{上}}\,w''(x) - u'(x)\cos\frac{\pi y}{2\xi_1 b}\right] \\
&\text{外伸板} && \sigma_{x2} = -E\left[Z_{\text{上}}\,w''(x) - \alpha_1 u'(x)\cos\frac{\pi(y-\xi_1 b-\xi_2 b)}{2\xi_2 b}\right] \\
&\text{底板} && \sigma_{x3} = -E\left[Z_{\text{下}}\,w''(x) + \alpha_2 u'(x)\cos\frac{\pi y}{2\xi_3 b}\right]
\end{aligned}\right\} \tag{2-26}$$

为更简便地描述箱梁剪力滞效应，引入剪力滞系数 λ 的概念：

$$\lambda = \frac{\text{考虑剪切变形(上下板)所求得的法向应力}}{\text{按初等梁理论所求得的法向应力}} \tag{2-27}$$

从式(2-16)的第1与第2式中消去 $u(x)$ 则可以得到关于挠度的四阶微分方程：

$$w'''' - k^2 w'' = k^2\frac{M(x)}{EI} - \frac{nM''(x)}{EI} \tag{2-28}$$

引入参数 $n = \dfrac{c_1 I}{(c_2 I - c_1^2)}$，可以得到不同边界情况下的微分方程以及相应的边界条件简化表达式，如表2-1所示。

在不同支承情况下的微分方程以及相应的边界条件　　　　表2-1

边界条件	$u'' - k^2 u = \dfrac{nQ(x)}{EI}$	$w'''' - k^2 w'' = k^2\dfrac{M(x)}{EI} - n\dfrac{M''(x)}{EI}$
固支	$u = 0, \delta u = 0$	$w''' = -n\dfrac{M'(x)}{EI}$
非固支	$\left[u' - \dfrac{nM(x)}{EI}\right]_{x=0} = 0$ $\left[u' - \dfrac{nM(x)}{EI}\right]_{x=l} = 0$	$\left[w'' + c_2 n\dfrac{M(x)}{EI}\right]_{x=0} = 0$ $\left[w'' + c_2 n\dfrac{M(x)}{EI}\right]_{x=l} = 0$

2.1.3　不同位移函数对剪力滞效应的影响

上述所推导的方程,位移函数采用的是沿翼板方向按余弦函数分布的形式,虽由于将初等梁理论与剪力滞效应分开处理存在一定的缺陷,但与实际测得的结果较符合。为比较不同位移函数形式对计算结果的影响,在此分别采用瑞斯纳(E. Reissner)假定的二次抛物线以及四次抛物线位移函数形式推导位移控制方程以及相应的边界条件。所采用的截面仍为图 2-1 所示的截面。

1)余弦函数形式

位移函数为:

$$\left.\begin{aligned}&\text{顶板}\quad u_1(x,y)=-Z_{\text{上}}w'(x)-u(x)\cos\frac{\pi y}{2\xi_1 b}\\&\text{外伸板}\quad u_2(x,y)=-Z_{\text{上}}w'(x)-\alpha_1 u(x)\cos\frac{\pi(y-\xi_1 b-\xi_2 b)}{2\xi_2 b}\\&\text{底板}\quad u_3(x,y)=-Z_{\text{下}}w'(x)+\alpha_2 u(x)\cos\frac{\pi y}{2\xi_3 b}\end{aligned}\right\}$$

上述 2.1.2 节详细推导了翼板纵向位移按余弦函数假定时的微分方程以及边界条件,在此不再另外推导,直接采用式(2-16)、式(2-23)~式(2-25)、式(2-28)。

2)按瑞斯纳(E. Ressner)二次抛物线假定

位移函数为:

$$u_i(x,y)=\mp Z_{\text{上(下)}}\left\{\frac{\mathrm{d}w}{\mathrm{d}x}+\left[1-\frac{y^2}{(\xi_i b)^2}\right]u(x)\right\}\tag{2-29}$$

采用 2.1.2 节所用的方法可以推得位移函数按二次抛物线假定时的微分方程以及相应的边界条件,总势能表达式通过变分后经整理得方程组如下:

$$\left.\begin{aligned}&M(x)+EIw''+\frac{2}{3}EI_f u'=0\\&EI_{\mathrm{f}}\left(-\frac{2}{3}w'''-\frac{8}{15}u''+\frac{4G}{3E}\cdot\frac{1}{b^2}\cdot\frac{I_{\mathrm{f1}}}{I_{\mathrm{f}}}u\right)=0\\&EI_{\mathrm{f}}\left[\frac{2}{3}w''(l)+\frac{8}{15}u'(l)\right]\delta u(l)=0\\&EI_{\mathrm{f}}\left[\frac{2}{3}w''(0)+\frac{8}{15}u'(0)\right]\delta u(0)=0\end{aligned}\right\}\tag{2-30}$$

式中的符号意义除 I_{f1} 外其余符号与式(2-16)所表示的相同。

I_{f1}为广义翼板惯性矩，即 $I_{f1} = \frac{A_{13}}{\xi_1^2} + \frac{A_{23}}{\xi_2^2} + \frac{A_{33}}{\xi_3^2}$。

合并式(2-30)中的前两式可得到关于 $u(x)$ 的二阶常系数微分方程：

$$u'' - k^2 u = \frac{5nQ(x)}{4EI} \tag{2-31}$$

其中，$n = \frac{1}{1 - \frac{5}{6}\frac{I_f}{I}}$；$k = \frac{1}{b}\sqrt{\frac{5Gn}{2E}\frac{I_{f1}}{I_f}}$。

将式(2-30)中的第 1 式以及 n 与 k 的值代入后两式可得到相应的边界条件：

$$\left[u' - \frac{5nM(x)}{4EI}\right]\Big|_0^l \delta u = 0 \tag{2-32}$$

由于剪力滞效应而产生的附加弯矩为 $M_F = \frac{2}{3}EI_f u'$。

3)按四次抛物线假定位移函数

位移函数为：

$$u_i(x,y) = \mp Z_{上(下)}\left\{\frac{\mathrm{d}w}{\mathrm{d}x} + \left[1 - \frac{y^4}{(\xi_i b)^4}\right]u(x)\right\} \tag{2-33}$$

采用 2.1.2 所用的方法可以推得位移函数按四次抛物线假定时的微分方程以及相应的边界条件，总势能表达式通过变分后经整理得方程组如下：

$$\left.\begin{aligned}
&M(x) + EIw'' + \frac{4}{5}EI_f u' = 0\\
&EI_f\left(-\frac{4}{5}w''' - \frac{32}{45}u'' + \frac{15G}{7E}\cdot\frac{1}{b^2}\cdot\frac{I_{f1}}{I_f}u\right) = 0\\
&EI_f\left[\frac{4}{5}w''(l) + \frac{32}{45}u'(l)\right]\delta u(l) = 0\\
&EI_f\left[\frac{4}{5}w''(0) + \frac{32}{45}u'(0)\right]\delta u(0) = 0
\end{aligned}\right\} \tag{2-34}$$

式中的符号意义除 I_{f1}外，其余符号与式(2-16)所表示的相同。

I_{f1}为广义翼板惯性矩，即 $I_{f1} = \frac{A_{13}}{\xi_1^2} + \frac{A_{23}}{\xi_2^2} + \frac{A_{33}}{\xi_3^2}$。

合并式(2-34)中的前两式可得到关于 $u(x)$ 的二阶常系数微分方程：

$$u'' - k^2 u = \frac{9nQ(x)}{8EI} \tag{2-35}$$

其中，$n = \dfrac{1}{1 - \dfrac{9}{10}\dfrac{I_{\mathrm{f}}}{I}}$；$k = \dfrac{1}{b}\sqrt{\dfrac{45Gn}{14E}\dfrac{I_{\mathrm{f1}}}{I_{\mathrm{f}}}}$。

将式(2-30)中的第1式以及 n 与 k 的值代入后两式可得到相应的边界条件：

$$\left[u' - \frac{9nM(x)}{8EI}\right]\Bigg|_0^l \delta u = 0 \tag{2-36}$$

由于剪力滞效应产生的附加弯矩为 $M_{\mathrm{F}} = \dfrac{4}{5}EI_{\mathrm{f}}u'$。

在弹性模量为常量和等截面的情况下，上述利用变分法所推导的微分方程以及相应的边界条件可以较精确地求得剪力滞效应。为比较采用不同位移函数对计算结果的影响，取图2-2所示的截面以及结构简图作为算例计算各种位移模式下的剪力滞效应，同时与有限元计算结果比较。算例中简支梁的跨径为40m，均布荷载为100N/mm，悬臂梁跨径为20m。

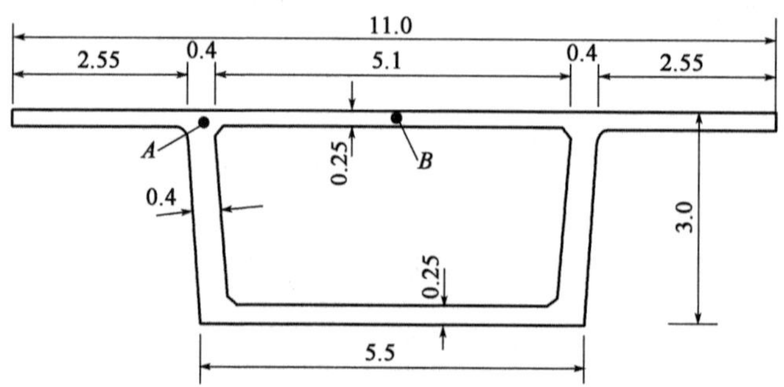

a)计算截面简图(尺寸单位:m)

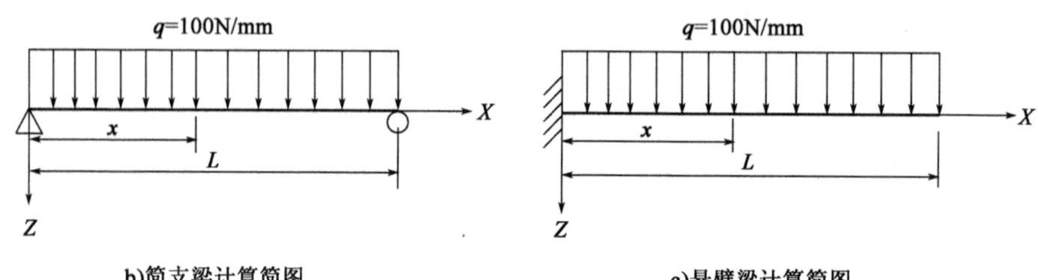

b)简支梁计算简图

c)悬臂梁计算简图

图2-2 算例计算简图

图2-3～图2-6所示为简支梁顶板中点(B点)和其与腹板交界点(A点)的剪力滞系数以及梁挠度沿跨长随位移函数的变化规律。其中用 λ^{e} 表示翼板与

腹板交界点 A 的剪力滞系数，λ^c 表示翼板中部 B 点的剪力滞系数，λ^d 表示挠度增大系数。

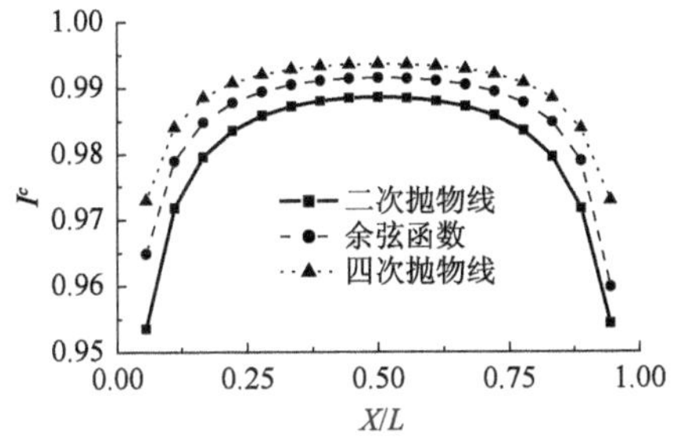

图 2-3 上翼板 B 点剪力滞系数 λ^c变化曲线

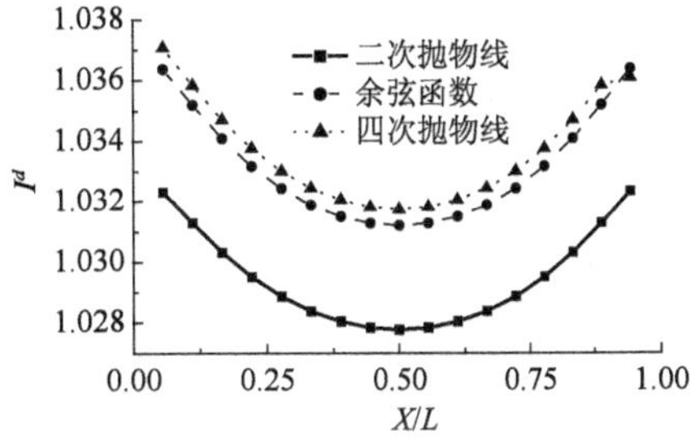

图 2-4 梁挠度增大系数 λ^d变化曲线

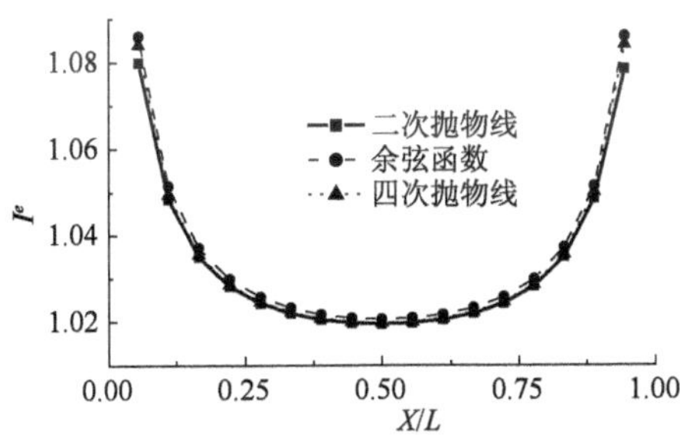

图 2-5 上翼板 A 点剪滞系数 λ^e变化曲线

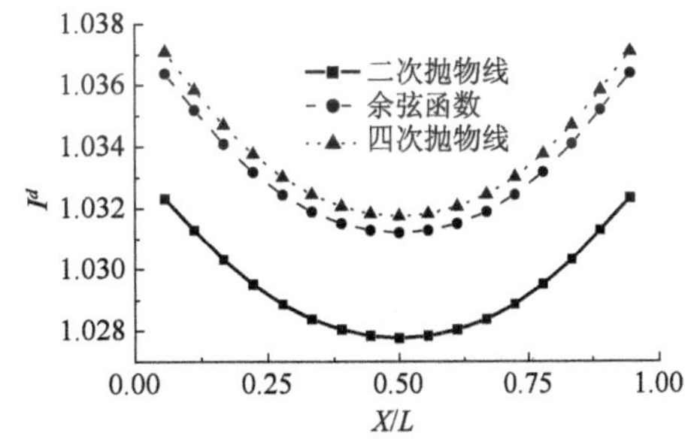

图 2-6 梁挠度增大系数 λ^d变化曲线

图 2-7 和图 2-8 为悬臂梁顶板中点(B 点)和其与腹板交界点(A 点)的剪力滞系数以及梁挠度沿跨长随位移函数的变化规律，参数意义同简支梁情况。图中均采用上翼板指定点来计算剪力滞系数以及梁的挠度增大系数。

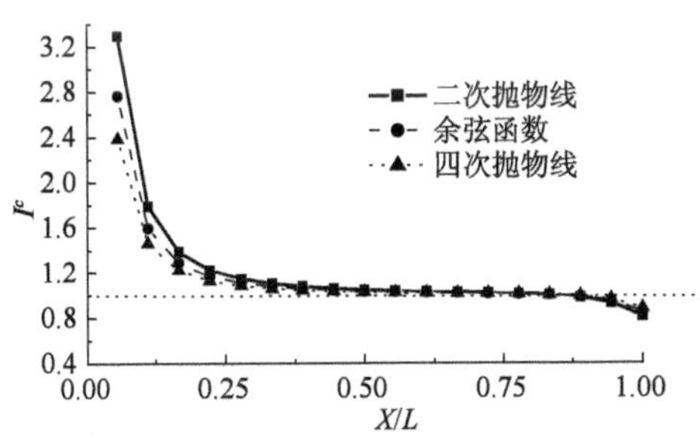

图 2-7 上翼板 B 点剪力滞系数 λ^c变化曲线

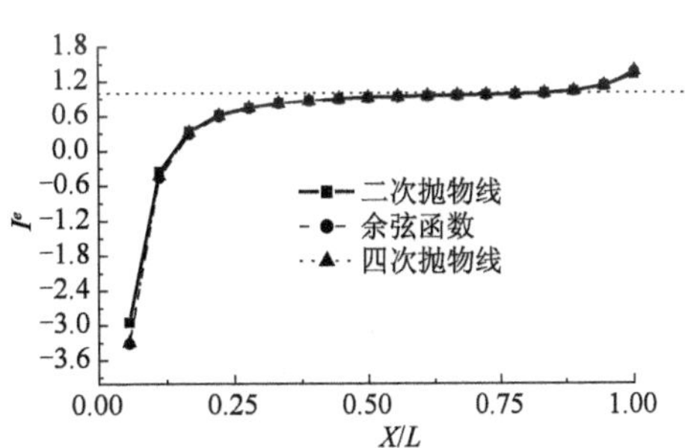

图 2-8 上翼板 A 点剪力滞系数 λ^e变化曲线

图 2-3 ~ 图 2-8 中横坐标为计算截面到坐标原点的距离 x 与梁跨 L 的比值，其中 x 和 L 的含义如图 2-2 中 b)、c) 所示。由图可以看出当计算翼板中点剪力滞系数时，不同位移函数曲线对其值有一定的影响；当计算翼板与腹板相交点剪力滞系数时，不同位移函数曲线对其影响较小，但不同位移函数曲线对挠度的影响较大。

从图 2-7 ~ 图 2-8 中可以看出，在悬臂的情况下，出现了与正剪力滞相反的现象，即翼板中点处应力大于腹板与翼板交点处应力，并且在上翼板中与腹板相交点处出现了压应力与 JohnSon R D 所得结果一致。产生压应力的原因是由于负剪力滞效应而引起。

为比较不同位移函数曲线对剪力滞系数以及挠度的影响程度，在表 2-2 中列出两种边界条件下，采用不同位移模式时计算截面剪力滞系数与挠度系数大小，并与有限元计算结果比较。表中 λ^c 为截面翼板中点剪力滞系数，λ^e 为翼板与腹板相交处剪力滞系数，λ^d 为挠度变化系数。

剪力滞系数及挠度增大系数随计算模型变化表　　表 2-2

间 支 梁					悬 臂 梁			
	位移模式	λ^c	λ^e	λ^d		位移模式	λ^c	λ^e
1/8 截面	二次抛物线	0.9743	1.0441	1.0310	1/2 截面	二次抛物线	1.0453	0.922
	余弦函数	0.9809	1.0468	1.0349		余弦函数	1.0337	0.918
	四次抛物线	0.9855	1.0449	1.0355		四次抛物线	1.0255	0.921
	有限元法	0.9670	1.1332	1.0742		有限元法	1.1678	0.912
1/4 截面	二次抛物线	0.9848	1.0260	1.0292	3/4 截面	二次抛物线	1.0158	0.973
	余弦函数	0.9887	1.0275	1.0328		余弦函数	1.0123	0.970
	四次抛物线	0.9915	1.0264	1.0334		四次抛物线	1.0098	0.970
	有限元法	0.9856	1.0633	1.0546		有限元法	1.0978	0.991
1/2 截面	二次抛物线	0.9886	1.0195	1.0278	固端截面	二次抛物线	0.8112	1.324
	余弦函数	0.9916	1.0206	1.0312		余弦函数	0.8513	1.364
	四次抛物线	0.9936	1.0198	1.0317		四次抛物线	0.8791	1.375
	有限元法	0.9860	1.0459	1.0459		有限元法	0.9678	1.334

由表 2-2 可以看出，在两种边界条件下，变分法与有限元法计算的结果很接近，其出入主要是由于采用变分法时的假定条件所产生。悬臂梁中出现了反常的负剪力滞现象，通过计算可得正负剪力滞变化点大约离固端 $L/4$（L 为跨长），对于连续梁由于存在正负弯矩，故同样会产生负剪力滞效应，将在后面的章节中

加以讨论。

上述利用变分法推导等截面箱形截面的过程同样可以用于 T 形截面的推导过程,所得到的微分方程以及相应的边界条件与箱形截面相似,对于 T 形截面可以推导出翼缘有效宽度的积分表达式。由于混凝土材料具有时间效应,其收缩和徐变随时间而变化的特性使得混凝土结构的应力也随时间变化,其对截面剪力滞效应的影响分析将在第 3 章中加以讨论。

2.2　变截面箱梁

大跨径的连续梁桥大都采用变截面布置,因为在外荷载和自重作用下,将出现支点截面负弯矩大于跨中正弯矩的情况。采用变截面的布置符合内力状态的需要,同时,大跨径连续梁宜选用悬臂法施工,变截面梁又与施工的内力状态相吻合。分析变截面梁的剪力滞问题对于此类桥的设计、施工都很有必要,由于截面是变化的故不能直接采用上述 2.1 中等截面的结果。针对这一问题,目前提出了许多的计算方法,其中有通用的有限元法(SAP 系列程序、ANSYS 程序等),梁段有限元和多参数有限元,有限差分法以及有限条法等。上述计算方法都是针对这一问题在一定的假设条件下,得到问题的近似解答。其中通用有限元法计算的精度较高,但存在计算工作量大的问题,尤其当模型较大时。故在满足工程需要的前提下,本书提出基于等截面梁变分法解的差分法。

2.2.1　变截面箱梁剪力滞效应变分解

对于变截面,式(2-16)变为:

$$\left.\begin{aligned}&M(x)+EI(x)w''+Ec_1(x)u'=0\\&E\left[-c_1(x)w'''-c_2(x)u''+\frac{G}{E}c_3(x)u\right]=0\\&E\left[c_1(x)w''(l)+c_2(x)u'(l)\right]\delta u(l)=0\\&E\left[c_1(x)w''(0)+c_2(x)u'(0)\right]\delta u(0)=0\end{aligned}\right\}\tag{2-37}$$

式中符号的意义同式(2-16)。

对式(2-37)的第 1 式两边求导数,并将第 2 式移项整理得:

$$\left.\begin{aligned}&\frac{1}{E}\left[\frac{M(x)}{I(x)}\right]'+w'''+\left[\frac{c_1(x)}{I(x)}\right]'u'+\left[\frac{c_1(x)}{I(x)}\right]u''=0\\&w'''=\frac{G}{E}\cdot\frac{c_3(x)}{c_1(x)}u-\frac{c_2(x)}{c_1(x)}u''\end{aligned}\right\}\tag{2-38}$$

将(2-38)式中第2式代入第1式,可得到关于剪切转角所致纵向位移 $u(x)$ 方程:

$$\frac{1}{E}\left[\frac{M(x)}{I(x)}\right]'+\frac{G}{E}\cdot\frac{c_3(x)}{c_1(x)}u+\left[\frac{c_1(x)}{I(x)}\right]'u'+\left[\frac{c_1(x)}{I(x)}\right]u''-\frac{c_2(x)}{c_1(x)}u''=0\tag{2-39}$$

引入参数 $\alpha(x)$、n^*、k^*,则上式整理后简化为:

$$u''-n^*\alpha'(x)u'-k^{*2}u=\frac{1}{E}n^*\left[\frac{M(x)}{I(x)}\right]'\tag{2-40}$$

参数 $\alpha(x)$、n^*、k^* 分别为:

$$\alpha(x)=\frac{c_1(x)}{I(x)};\ n^*=\frac{c_1(x)I(x)}{[c_2(x)I(x)-c_1^2(x)]};\ k^*=\sqrt{\frac{Gc_3(x)I(x)}{[c_2(x)I(x)-c_1^2(x)]}}$$

令 $m=n^*\alpha'(x)$,$P(x)=\left[\frac{M(x)}{I(x)}\right]'$,将参数 n^*,k^*,m,$P(x)$ 代入式(2-40)后简化为:

$$u''-mu'-k^{*2}u=\frac{n^*}{E}P(x)\tag{2-41}$$

边界条件简化为:

固结时,$u=0$,$\delta u=0$;

非固结,$\left[u'-n^*\frac{M(x)}{EI(x)}\right]\delta u\Big|_0^l=0$。

用 λ^e,λ^c 分别表示翼板与腹板相交处和翼板中心剪力滞系数,由式(2-1)得:

$$\left.\begin{aligned}&\text{顶板}\quad\lambda^e=1+\alpha(x)\frac{EI(x)}{M(x)}u'\\&\lambda^c=1-\left[\frac{1}{Z_{\text{上}}}-\alpha(x)\right]\frac{EI(x)}{M(x)}u'\\&\text{底板}\quad\lambda^e=1+\alpha(x)\frac{EI(x)}{M(x)}u'\\&\lambda^c=1-\left[\frac{\alpha_2}{Z_{\text{下}}}-\alpha(x)\right]\frac{EI(x)}{M(x)}u'\end{aligned}\right\}\tag{2-42}$$

由式(2-41)求解 $u(x)$,再由式(2-42)求剪力滞系数的精确解是很困难的,本文利用差分法来求解 $u(x)$，采用中差分形式表示 $u(x)$ 的导数，如图 2-9 所示，沿梁长度方向划分线性网格，则第 i 点中差分为：

$$\left.\begin{aligned}\left(\frac{\mathrm{d}u}{\mathrm{d}x}\right)_i &= \frac{u_{i+1} - u_{i-1}}{2d}\\ \left(\frac{\mathrm{d}^2u}{\mathrm{d}x^2}\right)_i &= \frac{u_{i+1} + u_{i-1} - 2u_i}{d^2}\end{aligned}\right\} \tag{2-43}$$

式中：d——差分步长。

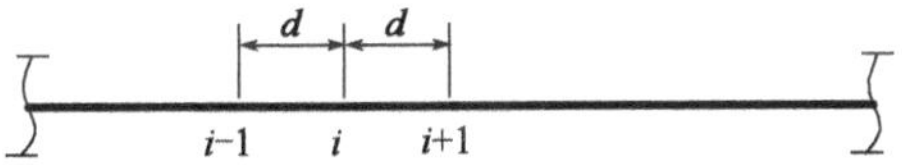

图 2-9 差分法线性网格划分示意

将式(2-43)代入式(2-41)可得：

$$\left(1 + \frac{\mathrm{d}m_i}{2}\right)u_{i-1} - (2 + d^2k_i^{*2})u_i + \left(1 - \frac{dm_i}{2}\right)u_{i+1} = \frac{n_i^* P_i(x)d^2}{E} \tag{2-44}$$

边界条件差分形式为：

固端时，$u_r = 0$；$\delta u_r = 0$；

非固端时，$\left[\frac{u_{r+1} - u_{r-1}}{2d} - n_r^* \frac{M_r(x)}{EI_r(x)}\right]\delta u\big|_0^l = 0$；

当边界为简支或悬臂时，$u_{r+1} = u_{r-1}$。

参数 m，$P(x)$ 的差分形式为：

前差分 $m_i = n_i^* \frac{\alpha_{i+1}(x) - \alpha_i(x)}{d}$；$P_i(x) = \frac{1}{d}\left(\frac{M_{i+1}}{I_{i+1}} - \frac{M_i}{I_i}\right)$。

中差分 $m_i = n_i^* \frac{\alpha_{i+1}(x) - \alpha_{i-1}(x)}{2d}$；$P_i(x) = \frac{1}{2d}\left(\frac{M_{i+1}}{I_{i+1}} - \frac{M_{i-1}}{I_{i-1}}\right)$。

后差分 $m_i = n_i^* \frac{\alpha_i(x) - \alpha_{i-1}(x)}{d}$；$P_i(x) = \frac{1}{d}\left(\frac{M_i}{I_i} - \frac{M_{i-1}}{I_{i-1}}\right)$。

剪力滞系数 λ^e 用差分形式分别表示为：

$$
\left.\begin{aligned}
&\text{顶板}\quad \lambda_i^e = 1 + \alpha_i(x)\frac{EI_i}{M_i}\cdot\frac{u_{i+1}-u_{i-1}}{2d}\\
&\lambda_i^c = 1 - \left[\frac{1}{Z_{\text{上}}} - \alpha_i(x)\right]\frac{EI_i}{M_i}\cdot\frac{u_{i+1}-u_{i-1}}{2d}\\
&\text{底板}\quad \lambda_i^e = 1 + \alpha_i(x)\frac{EI_i}{M_i}\cdot\frac{u_{i+1}-u_{i-1}}{2d}\\
&\lambda_i^c = 1 - \left[\frac{\alpha_2}{Z_{\text{下}}} - \alpha_i(x)\right]\frac{EI_i}{M_i}\cdot\frac{u_{i+1}-u_{i-1}}{2d}
\end{aligned}\right\} \tag{2-45}
$$

利用差分法求出 $u(x)$ 后代入式(2-45)可求得剪力滞系数。

2.2.2 变截面简支梁剪滞效应差分分析

如图 2-10 所示,将简支梁划分成 n 段,段长为 d,根据式(2-44)列出每一网格点的差分方程式如下。

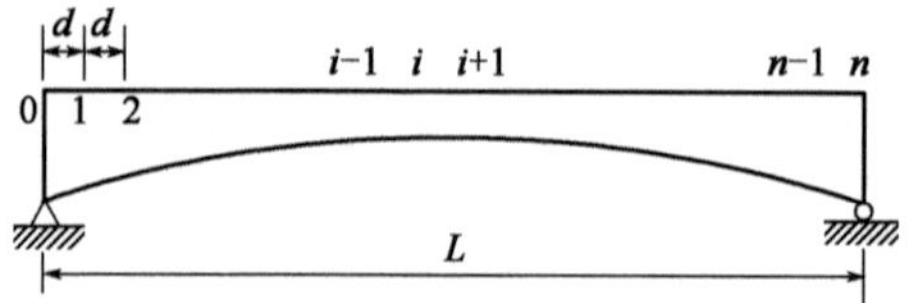

图 2-10 变截面梁网格划分

端点“0”处为简支端,因有 $u_{-1}=u_1$,则:

$$
-(2 + d^2k_0^{*\,2})u_0 + 2u_1 = \frac{n_0^* P_0(x)d^2}{E} \tag{2-46}
$$

端点“n”处为简支端,满足 $u_{n-1}=u_{n+1}$,则:

$$
2u_{n-1} - (2 + d^2k_n^{*\,2})u_n = \frac{n_n^* P_n(x)d^2}{E} \tag{2-47}
$$

两端点以外的任意点 i 处有:

$$
\left(1 + \frac{dm_i}{2}\right)u_{i-1} - (2 + d^2k_i^{*2})u_i + \left(1 - \frac{dm_i}{2}\right)u_{i+1} = \frac{n_i^* P_i(x)d^2}{E} \tag{2-48}
$$

整个梁有 $n+1$ 个未知数,由式(2-46)~式(2-48)可得到 $n+1$ 个方程式,求解该方程组可得到全部的解,方程组用矩阵表示为:

$$
\boldsymbol{Bu} = \boldsymbol{F} \tag{2-49}
$$

式中，$\boldsymbol{u} = \{u_0, u_1 \cdots, u_{n-1}, u_n\}^T$；$\boldsymbol{F} = \frac{2d^2}{E}\{n_0^* P_0, n_1^* P_1, \cdots, n_{n-1}^* P_{n-1}, n_n^* P_n\}^T$。

矩阵中主系数 $a_i = -(2 + d^2 k_i^{*2} \beta_i)$，　$i = 0,1,2,\cdots,n$；矩阵中除三对角线以外，其余的系数均为零。矩阵 $\boldsymbol{B}$ 是一个三对角线矩阵，采用追赶法能较快地得到方程组的解。

2.3　连续梁剪力滞效应

上述2.1和2.2节分别推导了等截面与变截面梁剪力滞效应的变分解，只是针对单跨梁的边界条件（简支、悬臂）下得到相应的解。在实际工程中，大多数采用多跨连续梁的形式，单跨梁变分解形式在少数情况下可以直接用于连续梁。在弹性阶段可以利用叠加原理求解连续梁剪力滞效应，如图2-11所示，将原结构分解为三种简支梁的受荷状态，分别求出每种状态下截面的剪力滞系数，然后根据叠加原理求出原结构截面剪力滞效应。下面推导分析剪力滞效应的叠加原理：超静定结构在多种荷载作用下，原结构考虑剪力滞效应的结果，等于分解后的基本体系在各个单一荷载与多余力的作用下，内力与剪力滞系数的乘积然后除以原结构中待求截面的相应内力，即：

$$\lambda \frac{M}{W} = \sum_{i=1}^{n} \lambda_i \frac{M_i}{W}$$

得

$$\lambda = \frac{1}{M} \sum_{i=1}^{n} \lambda_i M_i \tag{2-50}$$

式中：M——超静定结构计算截面处的弯矩；

M_i——基本体系在单一荷载作用下，计算截面处的弯矩；

W——计算截面的抗弯截面模量；

λ——超静定结构中计算截面的待求剪力滞系数；

λ_i——基本体系中在单一荷载作用下，计算截面的剪力滞系数。

对于等截面多跨的情况，采用叠加原理求解截面的剪力滞效应虽存在工作量较大的问题，但所求出的结果比Bogdan O. Kazmanovic所提供的方法更符合实际。为简化工作量和便于直接应用剪力滞效应变分解，可以采用莫法特（K. R. Moffatt）、道铃（P. J. Dowling）、中井博以及近腾和夫等建议的离散方法：在分析连续梁桥和斜拉桥时，取弯矩等于零的邻近点区间分别当作解体的简支梁与悬臂梁来处理,在此简称为反弯点离散法。在求原结构弯矩时,由于没有考虑剪力滞效应的影响,弯矩零点的位置和实际情况有一定程度的差异,这种差异可通过反复迭代的方法来消除。

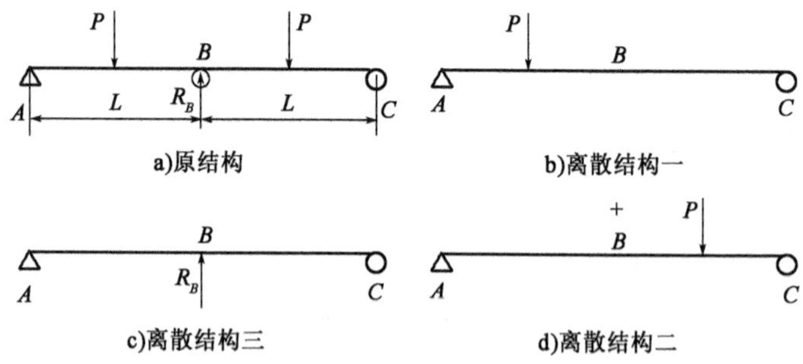

图 2-11　用叠加原理求连续梁剪力滞效应计算示意图

取图 2-2 所示的截面为计算截面,采用两跨连续梁,跨径均为 30m,荷载为 100N/mm。分别用叠加原理、反弯点离散法和有限元法计算几个典型截面的剪力滞系数,如表 2-3 所示。

连续梁截面剪力滞系数与计算方法关系表　　表 2-3

剪力滞系数	两等跨连续梁								
	边跨跨中截面			离内支座 $l/8$ 处截面			内支座截面		
	叠加法	离散法	有限元	叠加法	离散法	有限元	叠加法	离散法	有限元
λ^c	0.9700	0.9701	0.9158	1.0161	1.0151	1.0142	0.7531	0.7530	0.6337
λ^e	1.0727	1.0733	1.0359	0.9606	0.9653	0.9848	1.6049	1.6045	1.4426
λ^d	1.0683	1.0994	1.3415	0.5898	0.5914	0.6125	—	—	—

由表 2-3 中计算值可以看出,叠加法和反弯点离散法符合的较好,与有限元法的差异主要还是由推导变分法解时假定条件所产生的。由于考虑了剪切变形的影响,有限元法计算的挠度值大于另外两种方法的值。实际反弯点比理论反弯点更靠近内支座,这是叠加法与反弯点法产生差异的主要原因。用反弯点法计算剪力滞效应时,要注意在原结构中反弯点处是有挠度的,离散成简支结构后要考虑其影响。

2.4 本章小结

利用最小势能原理推导了等截面常弹性模量箱形梁的总势能表达式,通过变分经分部积分整理后得到不同支承情况下的微分方程组以及相应的边界条件。为比较所假定位移模式对计算结果的影响,在推导微分方程组时,分别假定不同位移模式得到相应的微分方程以及相应的边界条件。通过算例得到位移模式分别按余弦函数、二次抛物线、四次抛物线假定时的剪力滞系数以及挠度增大系数,与有限元法相比较按上述三种位移模式计算得到的结果相差不大。但由于按余弦函数假定时所得的结果与实际所观测的较符合,故本书采用位移模式按余弦函数假定时所推导的微分方程组以及相应的边界条件来分析箱梁的剪力滞效应。对于变截面简支或连续梁,为了直接应用等截面梁剪力滞效应变分解,引入了广义惯性矩的概念并利用叠加原理、反弯点离散法以及差分法来计算变截面剪力滞效应。

第 3 章　组合梁剪力滞效应分析

本章主要根据组合截面的结构特点,采用虚功原理来分析其剪力滞效应,分析中采用具有一般性的带有悬臂翼板的钢—混凝土组合截面为例。由于混凝土材料具有收缩、徐变的特性,其对结构的力学性能影响较大,并且受到许多因素的影响,故文中在推导微分方程时考虑了混凝土的时间效应。钢—混凝土组合梁是通过剪力连接件把钢梁与置于其上的混凝土板紧密结合起来的,由于连接件的刚度有限,故钢与混凝土之间存在滑移,在微分方程中也加以考虑。

3.1　组合箱梁剪力滞分析基本方程

国内外学者针对组合箱梁剪力滞问题做了一定程度的研究分析,提出了许多可行的计算理论和计算方法,有能量变分法、有限板条法、级数法和有限元法等。但对混凝土的时间效应考虑得较少,本章在一定的假设条件下,根据变形协调和平衡条件采用虚功原理推导剪力滞效应微分方程。

3.1.1　基本假定

图 3-1 所示为钢—混凝土组合梁,在外荷载作用下满足以下几个假定:

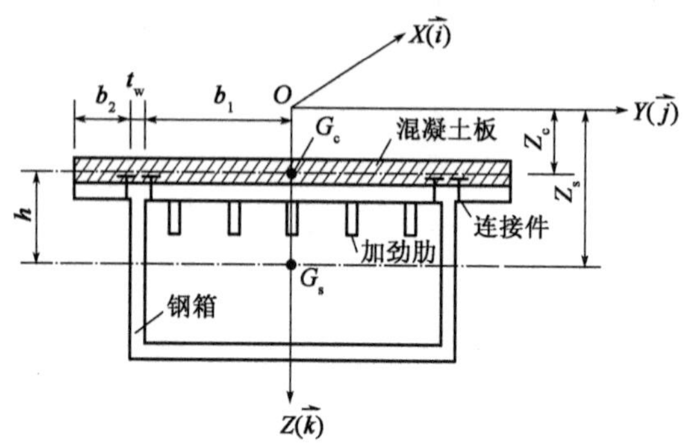

图 3-1　组合梁横截面

①混凝土板与钢梁之间竖向不脱离,即两者竖向位移相同。

②任意横截面处不发生图 3-1 中所示 Y 方向的位移。

③混凝土板最大剪切转角所致纵向位移函数为$f(x;t)$,且沿混凝土板横向按二次抛物线分布,即:

$$\left.\begin{aligned}\psi(y) &= 1-\frac{y^2}{b_1^2} && (0 \leqslant y \leqslant b_1)\\ \psi(y) &= 1-\frac{(b_1+b_2+t_w-y)^2}{b_2^2} && (b_1+t_w \leqslant y \leqslant b_1+b_2+t_w)\end{aligned}\right\} \tag{3-1}$$

式中:b_1——上翼板半宽;

b_2——悬臂翼板宽;

t_w——腹板的厚度;

y——翼板上任意一点至坐标原点的距离。

④剪力钉主要分布在翼板与腹板相交处,且混凝土板与钢梁之间的相对滑移主要集中在该处,滑移量与外剪力呈线性关系。

⑤混凝土板只考虑纵向(x 向)正应变 ε_x和剪应变 γ_{xy},板平面外的应变以及横向应变均为微量,忽略不计;钢梁只考虑纵向(x 向)正应变 ε_x,其余应变均为微量,忽略不计。

⑥钢梁应力与应变之间满足线性本构关系,混凝土应力与应变之间满足线性黏弹性本构关系。

3.1.2 变形协调和平衡微分方程的建立

梁段受荷后的变形如图 3-2 所示,任意时刻 t 混凝土板和钢梁的 x 向(纵向)位移分量分别为 $w_c(x;t)$和 $w_s(x;t)$,z 向(竖向)位移分量均为 $v(x;t)$,则该时刻混凝土板与钢梁任意一点的位移用矢量形式分别表示为:

混凝土板

$$\vec{u}_c(x,y,z;t) = v(x;t)\vec{k} + [w_c(x;t) - (z-z_c)v'(x;t) + f(x;t)\psi(y)]\vec{i} \tag{3-2}$$

钢梁

$$\vec{u}_s(x,y,z;t) = v(x;t)\vec{k} + [w_s(x;t) - (z-z_s)v'(x;t)]\vec{i} \tag{3-3}$$

式中:x——任意一点到坐标原点的 x 向距离;

z——任意一点到原点的 z 向距离;

z_c,z_s——分别为混凝土、钢梁部分的形心轴到参考轴线的距离;

$\vec{i},\vec{k}$——分别为参考坐标系中 x 和 z 轴的单位矢量。

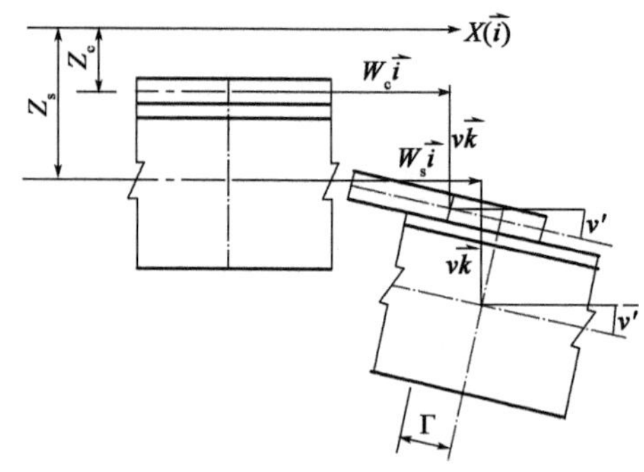

图 3-2　组合梁变形示意

由 3.1.1 节中的假定③和④可知,剪切转角所致纵向位移 $f(x;t)$ 的横向分布函数 $\psi(y)$ 满足以下两个条件:

①在翼板中点和边点处一阶导数为零,该条件保证了此处的剪应力为零;

②在翼板与腹板相交处 $\psi(y)=0$,该条件是为了简化混凝土板与钢梁之间相对滑移函数的表达式。

根据上述两个条件,由式(3-2)和式(3-3)可以得到混凝土板和钢梁之间相对滑移函数为:

$$\Gamma(x;t) = w_s(x;t) - w_c(x;t) + v'(x;t)h \tag{3-4}$$

式中:h——混凝土板形心轴到钢梁形心轴之间的距离。

由相对滑移与接触面之间相互作用力呈线性关系可以得到剪力连接键的本构关系为:

$$q_x(x;t) = R_s\Gamma(x;t) = R(w_s - w_c + v'h) \tag{3-5}$$

式中:R_s——剪力连接键的单位长度刚度。

由式(3-2)和式(3-3)可知,在时刻 t 混凝土板和钢梁上任意一点的应变分别为混凝土板的应变:

$$\left.\begin{aligned}\varepsilon_x(x,y,z;t) &= w'_c - (z - z_c)v'' + f'\psi\\ \gamma_{xy}(x,y,z;t) &= f\psi'\end{aligned}\right\} \tag{3-6}$$

钢梁的应变:

$$\varepsilon_x(x,y,z;t) = w'_s - (z - z_s)v'' \tag{3-7}$$

对于钢梁部分，由线性本构关系可以得到 t 时刻钢梁上任意一点的应力为：

$$\sigma_x(x,y,z;t) = E_s\varepsilon_x = E_s w'_s - E_s(z - z_s)v'' \tag{3-8}$$

式中：E_s——钢的弹性模量。

对于线性黏弹性的混凝土，在此利用松弛函数来表示应力与应变之间的关系，于是得到混凝土板上正应力和剪应力为：

$$\begin{aligned}\sigma_x(x,y,z;t) &= \int_{t_0}^{t} R(t,\vartheta)\mathrm{d}[\varepsilon_x(x,y,z;\vartheta) - \varepsilon_{sh}(x,y,z;\vartheta)] \\ &= \int_{t_0}^{t} R(t,\vartheta)\mathrm{d}[w'_c - (z - z_c)v'' + f'\psi - \varepsilon_{sh}]\end{aligned} \tag{3-9}$$

$$\begin{aligned}\tau_{xy}(x,y,z;t) &= \frac{1}{2(1+\upsilon)}\int_{t_0}^{t} R(t,\vartheta)\mathrm{d}\gamma_{xy}(x,y,z;\vartheta) \\ &= \frac{1}{2(1+\upsilon)}\int_{t_0}^{t} R(t,\vartheta)\psi'\mathrm{d}f\end{aligned} \tag{3-10}$$

式中：$R(t,\vartheta)$——松弛函数，即 ϑ 时刻施加单位应变，保持应变不变，而在 t 时刻的应力；

ε_{sh}——混凝土的收缩应变；

υ——混凝土的泊松比。

其中收缩应变不依赖于应力历程，为简化分析，假定泊松比不随时间变化。

假设组合梁受到体荷载 $b(x;t)$ 和表面荷载 $s(x;t)$ 的作用，在荷载作用下梁处于平衡状态，纵向位移(w_c,w_s)、竖向位移(v)以及剪切转角所致纵向位移最大差值(f)均产生了微量变化(δv,δw_c,δw_s,δf)，由虚功原理可知外力在位移上所作的虚功恒等于各个微段的应力合力在变形上所作的虚功，即：

$$\begin{aligned}&\int_0^L [N_c\delta w'_c + N_s\delta w'_s - (M_c + M_s)\delta v'' + \mu_c\delta f' + \eta_c\delta f + q_x(\delta w_s - \delta w_c + h\delta v')]\mathrm{d}z \\ &= \int_0^L (p_z\delta v + p_{cx}\delta w_c + p_{sx}\delta w_s - m\delta v' + b\delta f)\mathrm{d}z + \\ &(\overline{T}\delta v + \overline{N}_c\delta w_c + \overline{N}_s\delta w_s - \overline{M}\delta v' + \overline{\mu}\delta f)_0^L\end{aligned} \tag{3-11}$$

式中：N_c,N_s——分别为混凝土板和钢梁截面应力所合成的轴向力；

M_c,M_s——分别为混凝土板和钢梁截面应力所合成的弯矩；

μ_c,η_c——分别为混凝土板截面应力所合成的双力矩和双剪力；

p_z——作用荷载合力的 z 向分量；

p_{cx}, p_{sx}——分别为作用荷载合力在混凝土板与钢梁上的 x 向分量；

m——混凝土板和钢梁上作用荷载 x 向分量对各自形心轴的弯矩之和；

b——混凝土板考虑剪滞效应时作用荷载广义 x 向分量；

$\overline{T}$——表面荷载在端截面的 z 向合力；

$\overline{N}_c$，$\overline{N}_s$——分别为表面荷载在端截面处混凝土板和钢梁上 x 向分量的合力；

$\overline{M}$，$\overline{\mu}$——分别为表面荷载 x 向分量在端截面处合成的弯矩和双力矩。

各合力表达式如下。

截面应力合力：

$$N_s(x;t) = \iint_{A_s} \sigma_x \mathrm{d}a = E_s A_s w'_s \tag{3-12a}$$

$$M_s(x;t) = \iint_{A_s} \sigma_x (z - z_s) \mathrm{d}a = -E_s I_s v'' \tag{3-12b}$$

$$N_c(x;t) = \iint_{A_c} \sigma_x \mathrm{d}a = \int_{t_0}^{t} R(t,\vartheta) \mathrm{d}[A_c(w'_c - \varepsilon_{sh}) + S_{\psi} f'] \tag{3-12c}$$

$$M_c(x;t) = \iint_{A_c} \sigma_x (z - z_c) \mathrm{d}a = -\int_{t_0}^{t} R(t,\vartheta) I_c \mathrm{d}v'' \tag{3-12d}$$

$$\mu_c(x;t) = \iint_{A_c} \sigma_x \psi \mathrm{d}a = \int_{t_0}^{t} R(t,\vartheta) \mathrm{d}[S_{\psi}(w'_c - \varepsilon_{sh}) + I_{\psi} f'] \tag{3-12e}$$

$$\eta_c(x;t) = \iint_{A_c} \tau_{xy} \psi' \mathrm{d}a = \frac{1}{2(1+v)} \int_{t_0}^{t} R(t,\vartheta) I_{d\psi} \mathrm{d}f \tag{3-12f}$$

作用荷载合力：

$$p_z(x;t) = \iint_{A_c} b_z \mathrm{d}a + \int_{\partial A_c} s_z \mathrm{d}l + \iint_{A_s} b_z \mathrm{d}a + \int_{\partial A_s} s_z \mathrm{d}l \tag{3-13a}$$

$$p_{cx}(x;t) = \iint_{A_c} b_x \mathrm{d}a + \int_{\partial A_c} s_x \mathrm{d}l \tag{3-13b}$$

$$p_{sx}(x;t) = \iint_{A_s} b_x \mathrm{d}a + \int_{\partial A_s} s_x \mathrm{d}l \tag{3-13c}$$

$$m(x;t)=\iint\limits_{A_c}b_x(z-z_c)\mathrm{d}a+\int\limits_{\partial A_c}s_x(z-z_c)\mathrm{d}l+\iint\limits_{A_s}b_x(z-z_s)\mathrm{d}a+\int\limits_{\partial A_s}s_x(z-z_s)\mathrm{d}l \tag{3-13d}$$

$$b(x;t)=\iint\limits_{A_c}b_x\psi\mathrm{d}a+\int\limits_{\partial A_c}s_x\psi\mathrm{d}l \tag{3-13e}$$

端截面表面荷载合力：

$$\overline{T}(t)=\iint\limits_{A_c}s_z\mathrm{d}a+\iint\limits_{A_s}s_z\mathrm{d}a \tag{3-14a}$$

$$\overline{N}_c(t)=\iint\limits_{A_c}s_x\mathrm{d}a \tag{3-14b}$$

$$\overline{N}_s(t)=\iint\limits_{A_s}s_x\mathrm{d}a \tag{3-14c}$$

$$\overline{M}(t)=\iint\limits_{A_c}s_x(z-z_c)\mathrm{d}a+\iint\limits_{A_s}s_x(z-z_s)\mathrm{d}a \tag{3-14d}$$

$$\overline{\mu}(t)=\iint\limits_{A_c}s_x\psi\mathrm{d}a \tag{3-14e}$$

式中：A_c，I_c——分别为混凝土板的面积和对其截面形心轴的惯性矩；

A_s，I_s——分别为钢梁的面积和对其截面形心轴的惯性矩；

$S_\psi=\iint\limits_{A_c}\psi\mathrm{d}a$，$I_\psi=\iint\limits_{A_c}\psi^2\mathrm{d}a$，$I_{\mathrm{d}\psi}=\iint\limits_{A_c}\psi'^2\mathrm{d}a$。

将式(3-12a)～式(3-12f)代入虚功方程式(3-11)中，通过分部积分经整理后得到如下平衡微分方程和相应的边界条件，即：

$$\left.\begin{aligned}&-R_s(w_s-w_c+v'h)-\int_{t_0}^{t}R(t,\vartheta)\mathrm{d}[A_c(w''_c-\varepsilon'_{sh})+S_\psi f'']=p_{cx}\\&R_s(w_s-w_c+v'h)-E_sA_sw''_s=p_{sx}\\&-hR_s(w'_s-w'_c+v''h)+E_sI_sv''''+\int_{t_0}^{t}R(t,\vartheta)I_c\mathrm{d}v''''=p_z+m'\\&\int_{t_0}^{t}R(t,\vartheta)\mathrm{d}\left[-S_\psi(w''_c-\varepsilon'_{sh})-I_\psi f''+\frac{I_{\mathrm{d}\psi}f}{2(1+\upsilon)}\right]=b\end{aligned}\right\} \tag{3-15}$$

边界条件为：

$$
\left.\begin{aligned}
&\left[\int_{t_0}^{t}R(t,\vartheta)\,\mathrm{d}[A_{\mathrm{c}}(w'_{\mathrm{c}}-\varepsilon_{\mathrm{sh}})+S_{\psi}f']-\overline{N}_{\mathrm{c}}\right]\delta w_{\mathrm{c}}\Big|_0^L=0\\
&[E_{\mathrm{s}}A_{\mathrm{s}}w'_{\mathrm{s}}-\overline{N}_{\mathrm{s}}]\delta w_{\mathrm{s}}\Big|_0^L=0\\
&\left[-\int_{t_0}^{t}R(t,\vartheta)I_{\mathrm{c}}\mathrm{d}v''-E_{\mathrm{s}}I_{\mathrm{s}}v''-\overline{M}\right]\delta v'\Big|_0^L=0\\
&\left[-\int_{t_0}^{t}R(t,\vartheta)I_{\mathrm{c}}\mathrm{d}v'''-E_{\mathrm{s}}I_{\mathrm{s}}v'''+hR_{\mathrm{s}}(w_{\mathrm{s}}-w_{\mathrm{c}}+v'h)-\overline{T}+m\right]\delta v\Big|_0^L=0\\
&\left[\int_{t_0}^{t}R(t,\vartheta)\,\mathrm{d}[S_{\psi}(w'_{\mathrm{c}}-\varepsilon_{\mathrm{sh}})+I_{\psi}f']-\overline{\mu}\right]\delta f\Big|_0^L=0
\end{aligned}\right\}\quad(3\text{-}16)
$$

式(3-15)中第1、2式分别表示组合梁考虑相对滑移时,混凝土板和钢梁各自在x向的平衡条件;第3式表示组合梁在z向的平衡条件;第4式表示混凝土板横截面剪应力τ_{xy}与考虑剪力滞效应的法向正应力σ_x之间的平衡关系。

求解式(3-15)后可以得到相应变量的值,再由式(3-5)求出组合梁水平方向的相互作用力q_x,同样可以利用求出的值计算组合梁竖向相应作用力。如图3-3a)所示,设混凝土板与钢梁之间的竖向相互作用力为q_z,通过钢梁单元外力平衡条件可以求解出q_z,钢梁单元所受到的力如图3-3b)中所示,由单元竖向外力平衡和弯矩平衡可得:

$$
\left.\begin{aligned}
&(q_z+p_{sz})\mathrm{d}x+\mathrm{d}T_{\mathrm{s}}=0\\
&(q_z+p_{sz})(\mathrm{d}x)^2/2+m_{\mathrm{s}}\mathrm{d}x+\mathrm{d}M_{\mathrm{s}}+q_xh_{\mathrm{s}}=T_{\mathrm{s}}\mathrm{d}z
\end{aligned}\right\}\quad(3\text{-}17)
$$

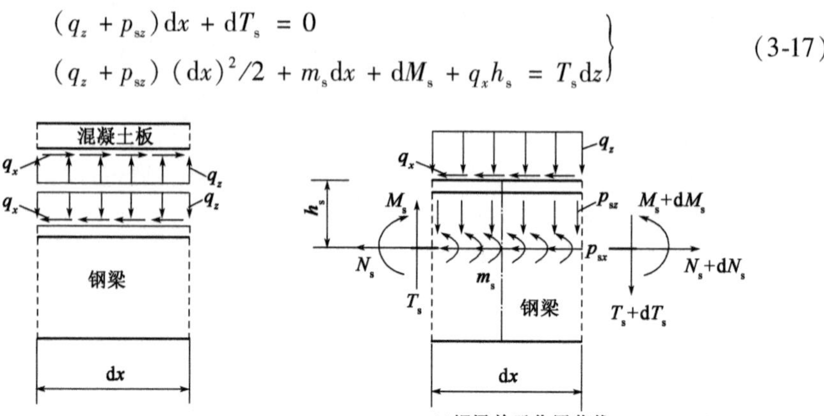

图3-3　组合梁荷载作用示意图

忽略微量$(\mathrm{d}x)^2$后由上式(3-6)得到:

$$q_z = -M''_s - p_{sz} - q'_x h_s - m'_s \tag{3-18}$$

将式(3-5)和式(3-12b)代入上式得：

$$q_z = E_s I_s v'''' - h_s R_s(w'_s - w'_c + v''h) - p_{sz} - m'_s \tag{3-19}$$

3.2　求解微分方程

由于式(3-15)中微分方程组和相应的边界条件含有松弛函数 $R(t,\theta)$，而松弛函数一般都难以用解析表达式来表示，大多采用数字化的试验数据，因此计算工作量非常大。为减少计算工作量，本文利用可用解析表达式的徐变函数 $J(t,\theta)$ 来表示松弛函数 $R(t,\theta)$，徐变函数和松弛函数之间满足如下相互转换关系：

$$H(t) = \int_{t_0}^{t} R(t,\vartheta)\mathrm{d}G(\vartheta) \Leftrightarrow G(t) = \int_{t_0}^{t} J(t,\vartheta)\mathrm{d}H(\vartheta) \tag{3-20}$$

式中：$J(t,\vartheta)$ ——徐变函数即 ϑ 时刻施加单位应力，保持应力不变，而在 t 时刻的应变，且徐变函数满足下列关系：

$$1 = J(t_0,t_0)R(t,t_0) + \int_{t_0}^{t} R(t,\vartheta)\frac{\partial J(\vartheta,t_0)}{\partial \vartheta}\mathrm{d}\vartheta \tag{3-21}$$

根据式(3-20)，平衡微分方程式(3-15)和边界条件可以表示为下列“积分－微分”形式：

$$\left.\begin{aligned}
&-[A_c(w''_c - \varepsilon'_{sh}) + S_\psi f''] - R_s\int_{t_0}^{t} J(t,\vartheta)\mathrm{d}(w_s - w_c + v'h)\\
&= \int_{t_0}^{t} J(t,\vartheta)\mathrm{d}p_{cx} - E_s A_s w''_s + R_s(w_s - w_c + v'h) = p_{sx}\\
&I_c v'''' + \int_{t_0}^{t} J(t,\vartheta)\mathrm{d}[E_s I_s v'''' - hR_s(w'_s - w'_c + v''h)]\\
&= \int_{t_0}^{t} J(t,\vartheta)\mathrm{d}(p_z + m') - S_\psi(w''_c - \varepsilon'_{sh}) - I_\psi f'' + \frac{I_{\mathrm{d}\psi} f}{2(1+v)}\\
&= \int_{t_0}^{t} J(t,\vartheta)\mathrm{d}b
\end{aligned}\right\} \tag{3-22}$$

边界条件为：

$$
\left.\begin{aligned}
&\left[A_c(w'_c-\varepsilon_{sh})+S_\psi f'-\int_{t_0}^{t}J(t,\vartheta)\mathrm{d}\overline{N}_c\right]\delta w_c\Big|_0^L=0\\
&(E_sA_sw'_s-\overline{N}_s)\delta w_s\Big|_0^L=0\\
&\left[-I_cv''-\int_{t_0}^{t}J(t,\vartheta)\mathrm{d}(E_sI_sv''+\overline{M})\right]\delta v'\Big|_0^L=0\\
&\left\{-I_cv'''+\int_{t_0}^{t}J(t,\vartheta)\mathrm{d}[hR_s(w_s-w_c+v'h)-E_sI_sv''']+\int_{t_0}^{t}J(t,\vartheta)\mathrm{d}(m-\overline{T})\right\}\delta v\Big|_0^L=0\\
&\left[S_\psi(w'_c-\varepsilon_{sh})+I_\psi f'-\int_{t_0}^{t}J(t,\vartheta)\mathrm{d}\overline{\mu}\right]\delta f\Big|_0^L=0
\end{aligned}\right\}
\tag{3-23}
$$

式(3-22)和式(3-23)通过对时间 t 和梁跨 L 的离散,利用梯形法则的数值积分法结合差分法可以求解出任意时刻梁段上任意一点的位移、应变以及应力。

含有徐变函数 $J(t,\vartheta)$ 的 Stiltjes 积分利用梯形法则的数值积分可以近似为:

$$
\int_{t_0}^{t}J(t,\vartheta)\mathrm{d}H(\vartheta)\approx\frac{1}{2}\sum_{i=1}^{n}\Delta_iH[J(t,t_i)+J(t,t_{i-1})]
\tag{3-24}
$$

当 t 分别取 t_k 和 t_{k-1} 时,不同时刻的微分方程式(3-22)以及边界条件式(3-23)对应项相减,利用式(3-24)可以转化为关于未知变量增量的表达式,即:

$$
\left.\begin{aligned}
&-[A_c(\Delta_kw''_c-\Delta_k\varepsilon'_{sh})+S_\psi\Delta_kf'']-R_s[\Delta_kw_s-\Delta_kw_c+\Delta_kv'h]/E_{ckk}\\
&=\sum_{i=1}^{k-1}[R_s(\Delta_iw_s-\Delta_iw_c+\Delta_iv'h)+\Delta_ip_{cx}]/\Delta_iE_c+\Delta_kp_{cx}/E_{ckk}-\\
&\quad E_sA_s\Delta_kw''_s+R_s(\Delta_kw_s-\Delta_kw_c+\Delta_kv'h)=\Delta_kp_{sx}\\
&I_c\Delta_kv''''+[E_sI_s\Delta_kv''''-hR_s(\Delta_kw'_s-\Delta_kw'_c+\Delta_kv''h)]/E_{ckk}\\
&=(\Delta_kp_z+\Delta_km')/E_{ckk}+\sum_{i=1}^{k-1}[-E_sI_s\Delta_iv''''+hR_s(\Delta_iw'_s-\Delta_iw'_c+\\
&\quad\Delta_iv''h)+\Delta_ip_z+\Delta_im']/\Delta_iE_c\\
&-S_\psi(\Delta_kw''_c-\Delta_k\varepsilon'_{sh})-I_\psi\Delta_kf''+\frac{I_{d\psi}}{2(1+\upsilon)}\Delta_kf=\sum_{i=1}^{k-1}\frac{\Delta_ib}{\Delta_ib}+\frac{\Delta_kb}{E_{ckk}}
\end{aligned}\right\}
\tag{3-25}
$$

边界条件为：

$$\left[A_{c}(\Delta_{k}w'_{c}-\Delta_{k}\varepsilon_{sh})+S_{\psi}\Delta_{k}f'-\frac{\Delta_{k}\overline{N}_{c}}{E_{ckk}}-\sum_{t_0}^{t}\frac{\Delta_{i}\overline{N}_{c}}{\Delta_{i}E_{c}}\right]\delta w_{c}\Big|_{0}^{L}=0 \tag{3-26a}$$

$$(E_{s}A_{s}\Delta_{k}w'_{s}-\Delta_{k}\overline{N}_{s})\delta w_{s}\Big|_{0}^{L}=0 \tag{3-26b}$$

$$\left[-I_{c}\Delta_{k}v''-\frac{E_{s}I_{s}(\Delta_{k}v''+\Delta_{k}\overline{M})}{E_{ckk}}-\sum_{i=1}^{k-1}\frac{E_{s}I_{s}(\Delta_{i}v''+\Delta_{i}\overline{M})}{\Delta_{i}E_{c}}\right]\delta v'\Big|_{0}^{L}=0 \tag{3-26c}$$

$$\left\{-I_{c}\Delta_{k}v'''+\frac{[hR_{s}(\Delta_{k}w_{s}-\Delta_{k}w_{c}+\Delta_{k}v'h)-E_{s}I_{s}\Delta_{k}v'''+\Delta_{k}m-\Delta_{k}\overline{T}]}{E_{ckk}}+\right.$$

$$\left.\sum_{i=1}^{k-1}\frac{[hR_{s}(\Delta_{i}w_{s}-\Delta_{i}w_{c}+\Delta_{i}v'h)-E_{s}I_{s}\Delta_{i}v'''+\Delta_{i}m-\Delta_{i}\overline{T}]}{\Delta_{i}E_{c}}\right\}\delta v\Big|_{0}^{L}=0 \tag{3-26d}$$

$$\left[S_{\psi}(\Delta_{k}w'_{c}-\Delta_{k}\varepsilon_{sh})+I_{\psi}\Delta_{k}f'-\frac{\Delta_{k}\overline{\mu}}{E_{ckk}}-\sum_{i=1}^{k-1}\frac{\Delta_{i}\overline{\mu}}{\Delta_{i}E_{c}}\right]\delta f\Big|_{0}^{L}=0 \tag{3-26e}$$

式中，E_{ckk}和$\Delta_{i}E_{c}$分别为：

$$E_{ckk}=2/[J(t_{k},t_{k})+J(t_{k},t_{k-1})]$$

$$\Delta_{i}E_{c}=2/[J(t_{k},t_{i})+J(t_{k},t_{i-1})-J(t_{k-1},t_{i})-J(t_{k-1},t_{i-1})]$$

式(3-25)为求解t_k时刻未知变量增量的微分方程组，同时所求出的增量必须满足式(3-26)中的相应边界条件。求解式(3-25)的解析表达式是非常困难的，可以采用有限差分法等数值方法来计算。

当$t=t_0$时即加载初始时刻，将t_0代入式(3-22)和式(3-23)后可得到下列简化形式的微分方程组和相应的边界条件：

$$\left.\begin{aligned}
&-E_{c0}[A_{c}(w''_{c}-\varepsilon'_{sh})+S_{\psi}f'']-R_{s}(w_{s}-w_{c}+v'h)=p_{cx}\\
&-E_{s}A_{s}w''_{s}+R_{s}(w_{s}-w_{c}+v'h)=p_{sx}\\
&(E_{c0}I_{c}+E_{s}I_{s})v''''-hR_{s}(w'_{s}-w'_{c}+v''h)=p_{z}+m'\\
&-E_{c0}S_{\psi}(w''_{c}-\varepsilon'_{sh})-E_{c0}I_{\psi}f''+\frac{E_{c0}I_{d\psi}}{2(1+\upsilon)}f=b
\end{aligned}\right\} \tag{3-27}$$

边界条件为:

$$\left.\begin{aligned}&[E_{c0}A_c(w'_c-\varepsilon_{sh})+E_{c0}S_\psi f'-\overline{N}_c]\delta w_c|_0^L=0\\&[E_sA_sw'_s-\overline{N}_s]\delta w_s|_0^L=0\\&[-(E_{c0}I_c+E_sI_s)v''-\overline{M}]\delta v'|_0^L=0\\&[-(E_{c0}I_c+E_sI_s)v'''+hR_s(w_s-w_c+v'h)-\overline{T}+m]\delta v|_0^L=0\\&[E_{c0}S_\psi(w'_c-\varepsilon_{sh})+E_{c0}I_\psi f'-\overline{\mu}]\delta f|_0^L=0\end{aligned}\right\}\tag{3-28}$$

式中:$E_{c0}=R(t_0,t_0)$——加载初始时刻的弹性模量。

求解微分方程式(3-27)即可得到 t_0时刻相应变量的初始值,于是可以利用式(3-25)求解下一时刻相应变量的增量,以此类推可以求解出组合梁使用期限内所有时刻的增量,从而得到相应的应变、应力以及位移等所需要求解的变量。图 3-4 所示为梁段离散后的节点示意,对于任意节点 i 利用差分法由式(3-25)得到 t_k时刻增量方程的差分格式为:

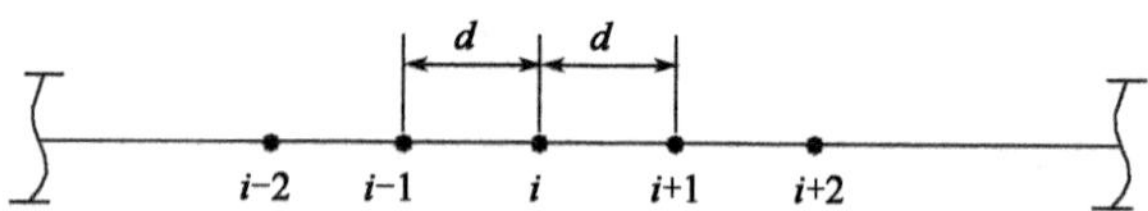

图 3-4　组合梁单元离散

$$\begin{aligned}&c_{11}\Delta_k w_c(i-1)-c_{12}\Delta_k w_c(i)+c_{11}\Delta_k w_c(i+1)+c_{13}\Delta_k w_s(i)-c_{14}\Delta_k v(i-1)+\\&c_{14}\Delta_k v(i+1)+c_{15}[\Delta_k f(i-1)-2\Delta_k f(i)+\Delta_k f(i+1)]\\&=-\sum_{j}^{k-1}\{a_1[\Delta_j w_s(i)-\Delta_j w_c(i)]+a_2[\Delta_j v(i+1)-\Delta_j v(i-1)]\}/\Delta_j E_c-\\&\quad d^2\Delta_k p_{cx}(i)/E_{ckk}\end{aligned}\tag{3-29a}$$

$$\begin{aligned}&c_{21}\Delta_k w_c(i)+c_{22}\Delta_k w_s(i-1)-c_{23}\Delta_k w_s(i)+c_{22}\Delta_k w_s(i+1)+\\&c_{24}[\Delta_k v(i-1)-\Delta_k v(i+1)]=-d^2\Delta_k p_{sx}(i)\end{aligned}\tag{3-29b}$$

$$c_{31}[-\Delta_k w_c(i-1)+\Delta_k w_c(i+1)+\Delta_k w_s(i-1)-\Delta_k w_s(i+1)]+$$

$$c_{32}\Delta_k v(i-2)-c_{33}\Delta_k v(i-1)+c_{34}\Delta_k v(i)-c_{33}\Delta_k v(i+1)+c_{32}\Delta_k v(i+2)$$

$$=d^4\Delta_k p_z(i)/E_{ckk}+d^4\Delta_k m'(i)/E_{ckk}+\sum_j^{k-1}\{a_3[\Delta_k w_c(i-1)-$$

$$\Delta_k w_c(i+1)-\Delta_k w_s(i-1)+\Delta_k w_s(i+1)]-a_4\Delta_k v(i-2)+$$

$$a_5\Delta_j v(i-1)-a_6\Delta_j v(i)+a_5\Delta_j v(i+1)-a_4\Delta_j v(i+2)+$$

$$d^4[\Delta_j p_z(i)+\Delta_j m'(i)]\}/\Delta_j E_c \tag{3-29c}$$

$$c_{41}[\Delta_k w_c(i-1)-2\Delta_k w_c(i)+\Delta_k w_c(i+1)]+c_{42}\Delta_k f(i-1)-$$

$$c_{43}\Delta_k f(i)+c_{42}\Delta_k f(i+1)$$

$$=-d^2\sum_j^{k-1}\frac{\Delta_j b(i)}{\Delta_j E_c}-d^2\frac{\Delta_k b(i)}{E_{ckk}} \tag{3-29d}$$

式中,$c_{11}=A_c$;$c_{12}=2A_c+R_s d^2/E_{ckk}$;$c_{13}=R_s d^2/E_{ckk}$;$c_{14}=R_s dh/2E_{ckk}$;$c_{15}=S_\psi$;
$c_{21}=R_s d^2$;$c_{22}=E_s A_s$;$c_{23}=2E_s A_s+R_s d^2$;$c_{24}=R_s dh/2$;
$c_{31}=R_s d^3 h/2E_{ckk}$;$c_{32}=I_c+E_s I_s/E_{ckk}$;$c_{33}=4c_{32}+R_s d^2 h^2/E_{ckk}$;
$c_{34}=6c_{32}+2R_s d^2 h^2/E_{ckk}$;$c_{41}=S_\psi$;$c_{42}=I_\psi$;$c_{43}=2I_\psi+d^2 I_{d\psi}/2(1+\upsilon)$;
$a_1=c_{21}$;$a_2=c_{24}$;$a_3=R_s d^3 h/2$;$a_4=E_s I_s$;$a_5=4a_4+R_s d^2 h^2$;
$a_6=6a_4+2R_s d^2 h^2$。

其中,υ 为混凝土材料的泊松比;d 为梁段单元的长度。

根据不同的支承情况,边界条件分别如下。

①简支端:

$v=0$;$f=0$;且须满足式(3-28)中的第1、2式。

②固定端:

$w_c=0$;$w_s=0$;$v=0$;$v'=0$;且须满足式(3-28)中的第5式。

③定向端:

$w_c=0$;$w_s=0$;$v'=0$;且须满足式(3-28)中的第4、5式。

④自由端:

须满足式(3-28)中的所有式子。

根据上述计算原理,用差分法计算组合梁考虑相对滑移、收缩和徐变影响时剪力滞效应的计算流程如图3-5所示。

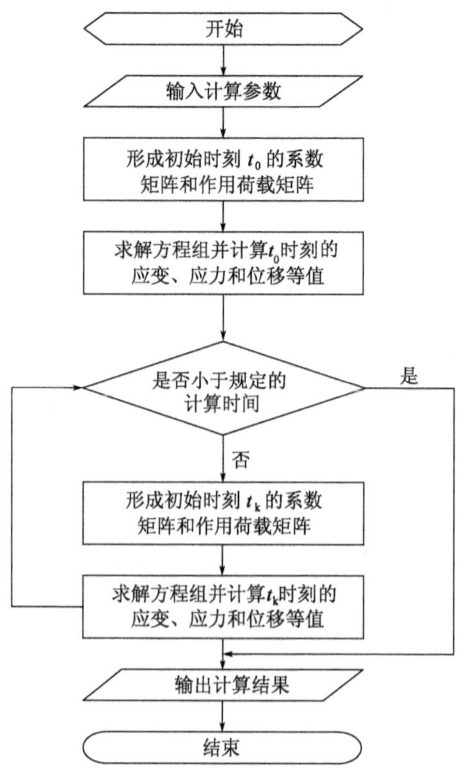

图 3-5　组合梁剪滞效应计算流程图

3.3　数值算例

上述两节详细分析了钢—混凝土组合梁剪力滞效应，在考虑混凝土时间效应的条件下，得到一组微分方程和相应的边界条件，最后通过差分法得到该方程组的解。为了验证所采用方法的可靠性和精确性，下面采用 Angelo-Marcello Tarantion and Luigion Dezi 中提供的算例来计算组合梁的剪力滞效应。

算例：图 3-6 所示为算例的计算截面和结构简图，梁两端为固结，混凝土收缩、徐变模型采用文献中相应的模型。假定在梁的负弯矩区配有预应力钢筋，即在梁的受拉区不会出现拉应力。混凝土强度为 $f_{ck}=35\text{MPa}$，混凝土的泊松比为 $\nu=0.15$，钢材的弹性模量为 $E=2.1\times10^5\text{MPa}$，环境相对湿度分别按 75% 和 50% 考虑，均布荷载为 64.1kN/m，剪力连接键的强度分别按 0.6kN/mm^2、6kN/mm^2 和 60kN/mm^2 考虑。

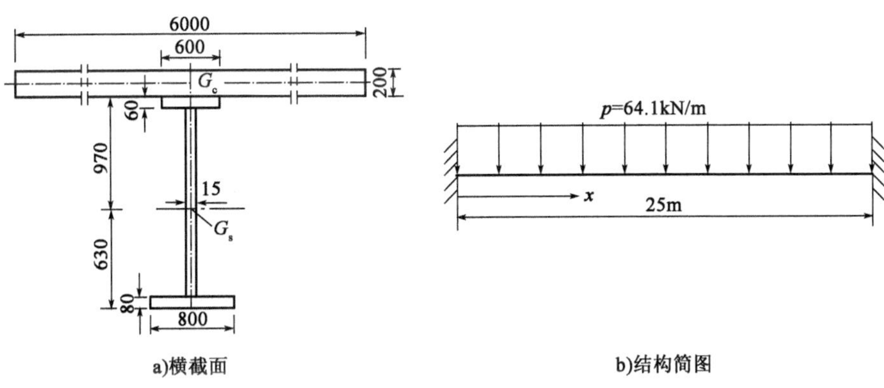

图 3-6　算例横截面与计算简图(尺寸单位:mm)

图 3-7 所示为荷载作用下剪力滞效应对组合梁挠度的影响。由图可以看出,考虑剪力滞效应时的挠度大于按普通梁理论计算的值,随着时间的增长组合梁的挠度也相应地增加。剪力滞效应对组合梁的挠度具有一定影响,且随着剪力连接键刚度的增加其影响程度也逐渐增大,分别如图 3-7a) 和 b) 所示。

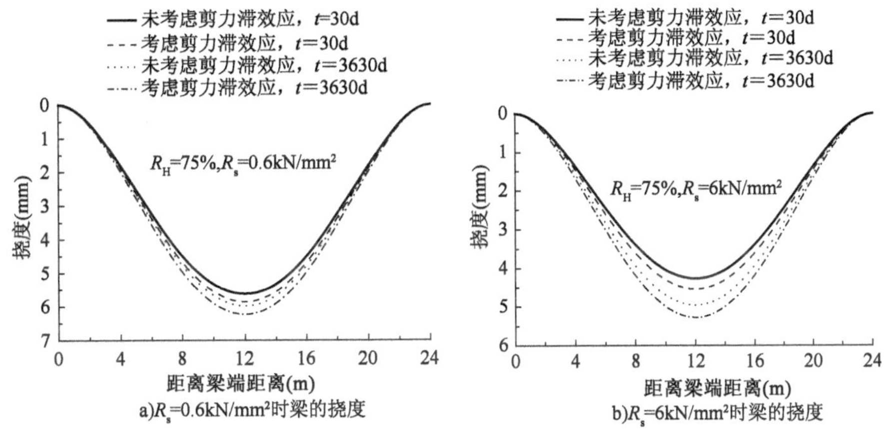

图 3-7　剪力滞效应对梁挠度的影响

图 3-8 所示为剪力连接键刚度对组合梁挠度的影响。从图中可以看出,随着剪力连接键刚度的增加,梁的挠度也相应地减小。组合梁的挠度随着混凝土收缩徐变的发展而有所增加,但增加的幅度与剪力连接键的刚度有关。当剪力连接键的刚度较大时,挠度变化的幅度大于刚度较小时的变化幅度。

图 3-9 所示为环境相对湿度对组合梁挠度的影响,图中计算的挠度值为

$t=3630$d的值。从图中可以看出,环境相对湿度对组合梁挠度的影响不太明显。当连接键的刚度较大时,相对湿度对组合梁挠度的影响要大于连接键刚度较小时的值。

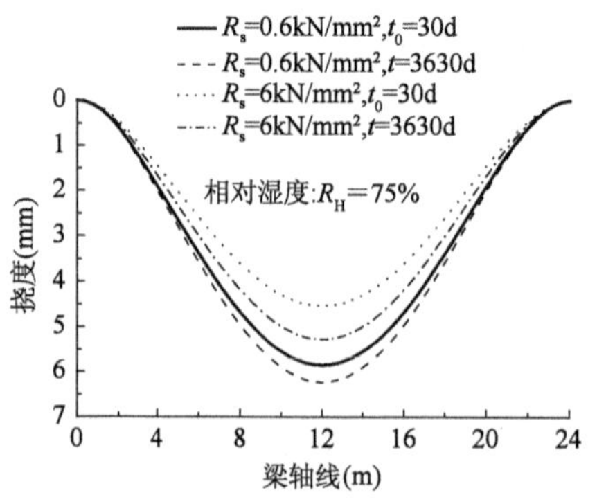

图 3-8　剪力连接键刚度对挠度的影响

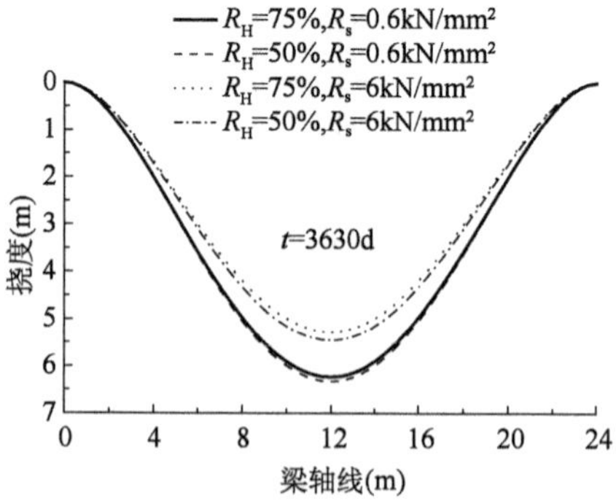

图 3-9　环境相对湿度对挠度的影响

随着组合梁中混凝土收缩、徐变的发展,在外荷载作用下截面内力发生重分布,混凝土板中应力随时间而变化,如图 3-10 所示。由图可知混凝土板的应力在受荷初期变化的较快,说明混凝土的收缩、徐变在加载初期发展得较快,加载约 8 个月后混凝土板的应力变化很缓慢。从图中可以看出,由于组合梁中剪力连接键的存在,梁加载后截面发生的内力重分布受连接键的刚度影响,较大的连接键刚度对组合梁截面的应力分布有利,但连接键刚度的变化对于组合梁截面应力历程变化趋势几乎不产生影响。由于混凝土的收缩、徐变受环境相对湿度等因素的影响,故环境相对湿度对组合梁截面应力历程具有一定的影响,如图 3-11和图 3-12 所示。

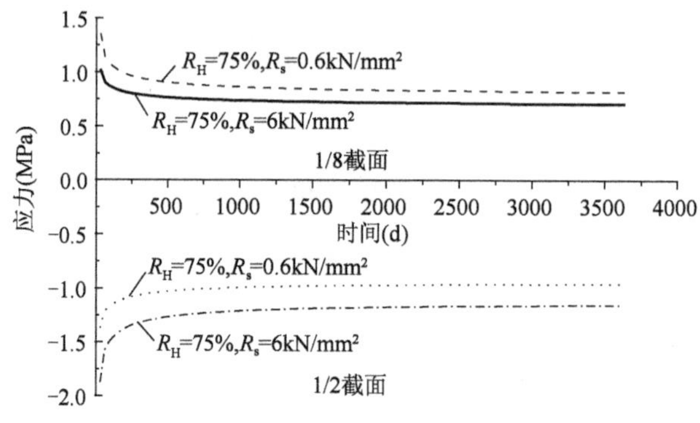

图 3-10　混凝土板应力历程

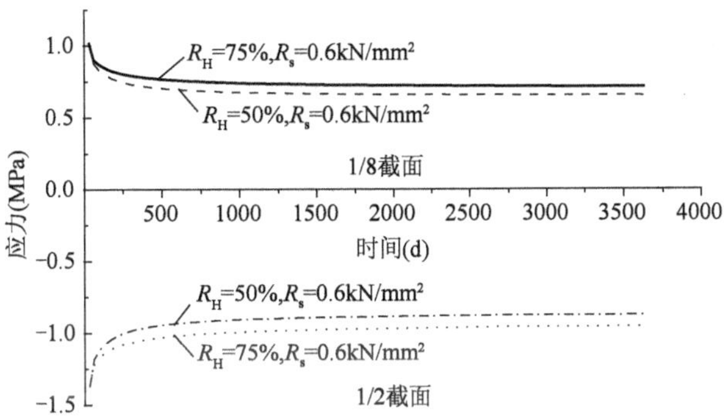

图3-11　环境相对湿度与混凝土应力历程的关系(R_s = 0.6kN/mm^2)

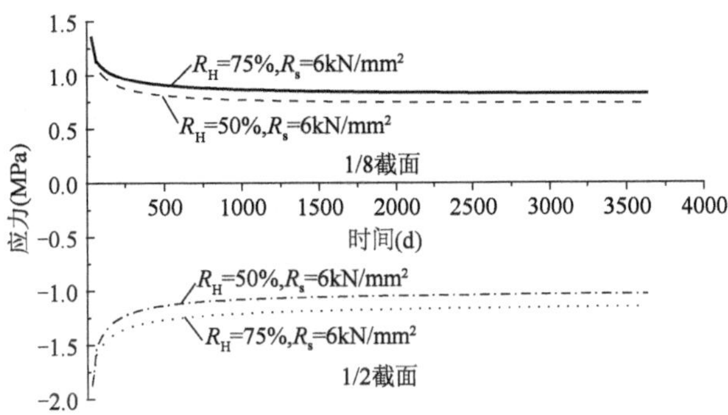

图3-12　环境相对湿度与混凝土应力历程的关系(R_s = 6kN/mm^2)

从图3-11和图3-12可以看出,环境相对湿度较大时,混凝土收缩、徐变发展的较缓慢,组合梁中混凝土板应力相应地也变化的较缓和。由于剪力滞效应的存在,组合梁中混凝土板的应力沿截面横向呈现明显的不均匀分布,如图3-13a)和b)所示。

由图3-13可以看出,混凝土板中应力沿截面横向呈现明显的不均匀分布。随着时间的推移,混凝土收缩、徐变会改变组合梁截面应力的大小,但对截面应力横向分布形式影响很小。

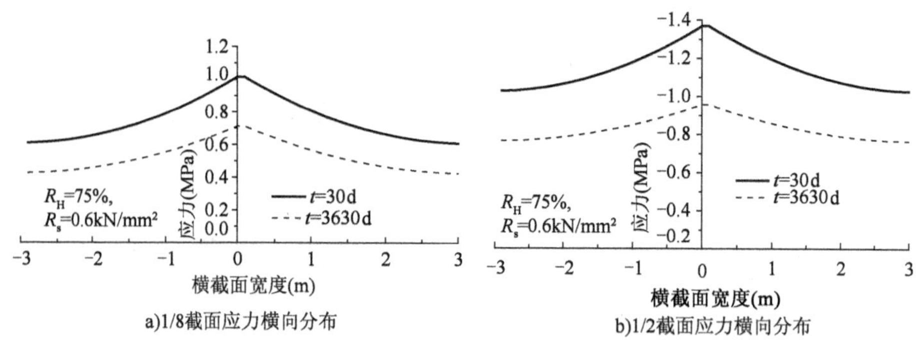

a)1/8截面应力横向分布

b)1/2截面应力横向分布

图 3-13 混凝土板截面应力横向分布

3.4 本章小结

根据组合截面的结构特点,采用虚功原理来分析其剪力滞效应,在分析时考虑了混凝土材料收缩、徐变的特性和钢与混凝土板之间的相互滑移作用,最后得到一组微分方程和相应的边界条件。利用差分法得到该微分方程组的解,通过数值算例得到以下结论。

①考虑剪力滞效应时的挠度大于按普通梁理论计算的值,随着时间的增长组合梁的挠度也相应地增加,如图 3-7 所示。剪力滞效应对组合梁的挠度具有一定影响,且随着剪力连接键刚度的增加其影响程度也逐渐增大,分别如图 3-7a)和 b)所示。

②组合梁挠度随着剪力连接键刚度的增加而减小,组合梁的挠度随着混凝土收缩徐变的发展而有所增加,但增加的幅度与剪力连接键的刚度有关。当剪力连接键的刚度较大时,挠度变化的幅度大于刚度较小时的变化幅度,如图 3-8 所示。

③环境相对湿度较大时,由于组合梁中混凝土收缩、徐变发展得较缓慢,相应地其应力变化也较缓和。

第 4 章　负剪力滞效应及其机理分析

悬臂箱形梁在对称荷载作用下弯曲时，不但在固端附近的截面发生剪力滞效应，使得梁肋与翼板相交处的应力大于按初等梁理论计算的值，而且在离固端一定距离(约 $l/4$)后的截面会出现负剪力滞现象。负剪力滞效应使靠近肋与翼板相交处的纵向位移滞后于远离此处的位移，翼板中心的法向应力反而大于肋与翼板交界处的应力，这种与正剪力滞相反的现象称为负剪力滞效应。这一问题近几年来才被国内外学者所察觉，Y. Singh，A. K. Nagpal 等分别就框筒结构、钢箱梁的负剪力滞效应作了一定的研究。除悬臂梁外，连续梁、刚构在施工段多为自重和预应力组合作用下的悬臂结构，都将出现负剪力滞现象，研究负剪力滞效应有其特殊的意义。

4.1　悬臂梁负剪力滞效应分析

4.1.1　等截面悬臂梁剪力滞变分解

箱梁在对称荷载作用下弯曲时，假定翼板的纵向位移在横截面(y 向)按余弦函数变化，取式(2-1)为相应的位移模式：

$$\left.\begin{aligned}&\text{顶板}\quad u_1(x,y)=-Z_{\text{上}}w'(x)-u(x)\cos\frac{\pi y}{2\xi_1 b}\\&\text{外伸板}\quad u_2(x,y)=-Z_{\text{上}}w'(x)-\alpha_1 u(x)\cos\frac{\pi(y-\xi_1 b-\xi_2 b)}{2\xi_2 b}\\&\text{底板}\quad u_3(x,y)=-Z_{\text{下}}w'(x)+\alpha_2 u(x)\cos\frac{\pi y}{2\xi_3 b}\end{aligned}\right\}\tag{4-1}$$

式中的符号说明同式(2-1)，在此不再另外说明。

根据最小势能原理，应用变分法将箱梁的剪力滞问题归结为下列微分方程［参看式(2-24)的推导］：

$$u''-k^2u=\frac{nQ(x)}{EI}\tag{4-2}$$

边界条件：

$$\left[u' - \frac{nM(x)}{EI}\right]_0^l \delta u = 0 \tag{4-3}$$

其中参数 n,k 为：

$$n = \frac{c_1 I}{c_2 I - c_1^2}$$

$$k = \sqrt{\frac{Gc_3 I}{E(c_2 I - c_1^2)}}$$

考虑剪力滞效应后梁的曲率与弯矩的关系为：

$$w'' = -\left[\frac{M(x)}{EI} + \frac{c_1}{I}u'\right] = -\frac{1}{EI}[M(x) + M_F] \tag{4-4}$$

式中，$M_F = Ec_1 u'$。

M_F称为剪力滞效应的附加弯矩，它与最大剪切转角所致纵向位移 $u(x)$ 的一阶导数有关，而且与翼板的参数 Ec_1 成正比。从式(4-4)可以看出，由于剪力滞效应的存在梁的挠度也将发生变化。

由式(4-2)和式(4-4)解出 $u(x)$ 和 $w(x)$，代入式(4-1)中求得翼板的位移函数 $u(x,y)$，由应力与应变关系可以得到考虑剪力滞影响的翼板应力为：

$$\sigma_{xi} = E\frac{\partial u_i(x,y)}{\partial x}$$

$$\left.\begin{aligned}
&\text{顶板}\quad \sigma_{x1} = -E\left[Z_{上} w''(x) - u'(x)\cos\frac{\pi y}{2\xi_1 b}\right]\\
&\text{外伸板}\quad \sigma_{x2} = -E\left[Z_{上} w''(x) - \alpha_1 u'(x)\cos\frac{\pi(y - \xi_1 b - \xi_2 b)}{2\xi_2 b}\right]\\
&\text{底板}\quad \sigma_{x3} = -E\left[Z_{下} w''(x) + \alpha_2 u'(x)\cos\frac{\pi y}{2\xi_3 b}\right]
\end{aligned}\right\} \tag{4-5}$$

式(4-1)～式(4-5)的详细推导见第2章。

翼板与腹板交界处的应力为：

$$\sigma^e = \sigma_{x|y=b|} = \pm\frac{Z_{上(下)}}{I}(M + M_F) \tag{4-6}$$

由式(4-6)可以看出，当 M 与 M_F同号时，σ^e比按初等梁理论计算的值要大，这就是剪力滞效应。当 M 与 M_F异号时，σ^e比按初等梁理论计算的值要小，即负剪力滞效应，故 M_F是产生正、负剪力滞效应的关键所在。

4.1.2 不同荷载作用形式下负剪力滞分析

1)集中荷载

如图4-1a)所示,悬臂梁在自由端作用一集中荷载 P,可以推得附加弯矩为:

$$M_{\mathrm{F}} = -\frac{nc_1P}{Ik}\cdot\frac{\mathrm{sh}(kx)}{\mathrm{ch}(kl)} \tag{4-7}$$

从式(4-6)和式(4-7)可知,悬臂梁在自由端作用一集中荷载时,由于翼板剪切变形的影响,附加弯矩 M_{F} 符号保持不变。由于附加弯矩和外荷载产生的同号负弯矩,故在此种荷载作用下在梁的任何位置都不会产生负剪力滞效应。

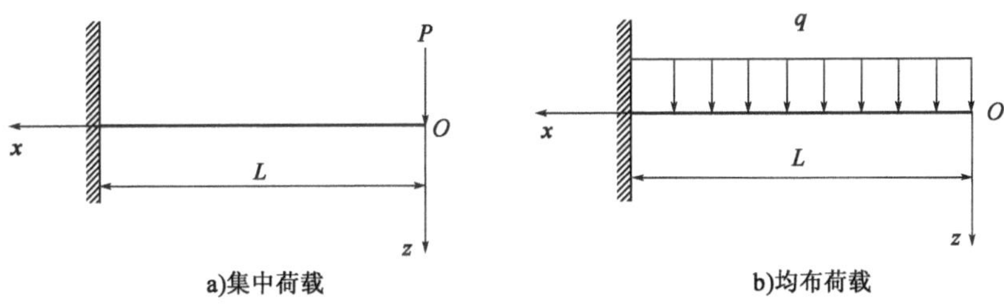

图4-1 悬臂梁荷载作用示意

2)满跨均布荷载

如图4-1b)所示,悬臂梁沿跨长作用一均布荷载 q,可以推得附加弯矩为:

$$M_{\mathrm{F}} = -\frac{nc_1q}{Ik^2}\left[\frac{\mathrm{ch}k(l-x)+kl\mathrm{sh}(kx)}{\mathrm{ch}(kl)}-1\right] \tag{4-8}$$

式(4-8)所表示的附加弯矩随计算截面的位置 x 变化,令上式等于零求得正、负剪力滞的分界点为:

$$\frac{\mathrm{ch}k(l-x)+kl\mathrm{sh}(kx)}{\mathrm{ch}(kl)}-1=0 \tag{4-9}$$

解式(4-9)得到:

$$x_1=\frac{1}{k}\ln\left[\frac{\mathrm{sh}(kl)+kl+\mathrm{ch}(kl)}{\mathrm{sh}(kl)+kl-\mathrm{ch}(kl)}\right] \tag{4-10}$$

在 $x_1<x\leqslant l$ 之间发生正剪力滞,在固端达到最大值。

在 $0<x<x_1$ 范围内出现负剪力滞现象。

对于多跨连续梁由于负弯矩的存在,也会发生负剪力滞效应,第2章中算例所得的结果说明多跨连续梁存在负剪力滞现象。

对于组合截面悬臂梁,用第3章所推导的数值解法可得到相应的剪力滞效应计算结果,在此不再另外给出表达式。

4.1.3 变截面梁剪力滞效应差分解

变截面梁的截面参数随截面的位置而变化,第 2 章用变分法所推导的等截面梁剪力滞效应微分方程的系数是变系数。由第 2 章可知,翼板采用不同位移模式时,只是最后方程的系数略有变化,对结果的影响在第 2 章算例中已经示出,在此仍假定翼板纵向位移按余弦函数变化。对于变截面,式(2-16)变为:

$$\left.\begin{aligned}&M(x)+EI(x)w''+Ec_1(x)u'=0\\&E\left[-c_1(x)w'''-c_2(x)u''+\frac{G}{E}c_3(x)u\right]=0\\&E[c_1(x)w''(l)+c_2(x)u'(l)]\delta u(l)=0\\&E[c_1(x)w''(0)+c_2(x)u'(0)]\delta u(0)=0\end{aligned}\right\}\tag{4-11}$$

式中符号意义同式(2-16)。

对式(4-11)的第 1 式两边求导数,并将第 2 式移项整理得:

$$\left.\begin{aligned}&\frac{1}{E}\left[\frac{M(x)}{I(x)}\right]'+w'''+\left[\frac{c_1(x)}{I(x)}\right]'u'+\left[\frac{c_1(x)}{I(x)}\right]u''=0\\&w'''=\frac{G}{E}\cdot\frac{c_3(x)}{c_1(x)}u-\frac{c_2(x)}{c_1(x)}u''\end{aligned}\right\}\tag{4-12}$$

将式(4-12)中第 1 式代入第 2 式,可得到关于翼板纵向位移 u 的方程:

$$\frac{1}{E}\left[\frac{M(x)}{I(x)}\right]'+\frac{G}{E}\cdot\frac{c_3(x)}{c_1(x)}u+\left[\frac{c_1(x)}{I(x)}\right]'u'+\left[\frac{c_1(x)}{I(x)}\right]u''-\frac{c_2(x)}{c_1(x)}u''=0\tag{4-13}$$

引入参数 $\alpha(x)$、n^*、k^*,则上式整理后简化为:

$$u''-n^*\alpha'(x)u'-k^{*2}u=\frac{1}{E}n^*\left[\frac{M(x)}{I(x)}\right]'\tag{4-14}$$

参数 $\alpha(x)$、n^*、k^* 分别为:

$$\alpha(x)=\frac{c_1(x)}{I(x)}$$

$$n^*=\frac{c_1(x)I(x)}{[c_2(x)I(x)-c_1^2(x)]}$$

$$k^*=\sqrt{\frac{Gc_3(x)I(x)}{E[c_2(x)I(x)-c_1^2(x)]}}$$

令 $m = \frac{7}{8}n^{*}\alpha'(x)$，$P(x) = \left[\frac{M(x)}{I(x)}\right]'$，将参数 n^{*}、k^{*}、m、$P(x)$代入式(4-14)后简化为：

$$u'' - mu' - k^{*2}\beta u = \frac{n^{*}}{E}P(x) \tag{4-15}$$

边界条件简化为：

固结时 $u=0, \delta u=0$；

非固结时 $\left[u' - n^{*}\frac{M(x)}{EI(x)}\right]\delta u\Big|_0^l = 0$。

用式(4-5)除以按基本梁理论计算的应力可得到剪力滞系数 λ，采用 λ^{e}、λ^{c} 分别表示翼板与腹板交界处和翼板中心的剪力滞系数，于是有：

$$\left.\begin{aligned}
&\text{顶板}\quad \lambda^{e} = 1 + \alpha(x)\frac{EI(x)}{M(x)}u' \\
&\lambda^{c} = 1 - \left[\frac{1}{Z_{\text{上}}} - \alpha(x)\right]\frac{EI(x)}{M(x)}u' \\
&\text{底板}\quad \lambda^{e} = 1 + \alpha(x)\frac{EI(x)}{M(x)}u' \\
&\lambda^{c} = 1 - \left[\frac{\alpha_2}{Z_{\text{下}}} - \alpha(x)\right]\frac{EI(x)}{M(x)}u'
\end{aligned}\right\} \tag{4-16}$$

由式(4-15)求解 u，再由式(4-16)求剪力滞系数的精确解是很困难的，本书利用差分法来求解 u，采用中差分形式表示 u 的导数，如图4-2所示，沿梁长度方向划分线性网格，则第 i 点中差分为：

$$\left.\begin{aligned}
\left(\frac{\mathrm{d}u}{\mathrm{d}x}\right)_i &= \frac{u_{i+1} - u_{i-1}}{2d} \\
\left(\frac{\mathrm{d}^2u}{\mathrm{d}x^2}\right)_i &= \frac{u_{i+1} + u_{i-1} - 2u_i}{d^2}
\end{aligned}\right\} \tag{4-17}$$

式中：d——差分步长。

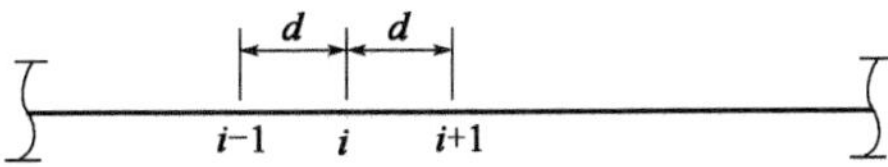

图4-2 差分法线性网格划分示意

将式(4-17)代入式(4-15)可得：

$$\left(1+\frac{dm_i}{2}\right)u_{i-1}-(2+d^2k_i^{*2}\beta_i)u_i+\left(1-\frac{dm_i}{2}\right)u_{i+1}=\frac{n_i^*P_i(x)d^2}{E} \tag{4-18}$$

边界条件差分形式为：

固端时 $u_r=0;\delta u_r=0$；

非固端时 $\left[\frac{u_{r+1}-u_{r-1}}{2d}-n_r^*\frac{M_r(x)}{EI_r(x)}\right]\delta u\big|_0^l=0$。

当边界为简支或悬臂时，$u_{r+1}=u_{r-1}$。

参数 m、$P(x)$ 的差分形式为：

前差分 $m_i=n_i^*\frac{\alpha_{i+1}(x)-\alpha_i(x)}{d}$；$P_i(x)=\frac{1}{d}\left(\frac{M_{i+1}}{I_{i+1}}-\frac{M_i}{I_i}\right)$。

中差分 $m_i=n_i^*\frac{\alpha_{i+1}(x)-\alpha_{i-1}(x)}{2d}$；$P_i(x)=\frac{1}{2d}\left(\frac{M_{i+1}}{I_{i+1}}-\frac{M_{i-1}}{I_{i-1}}\right)$。

后差分 $m_i=n_i^*\frac{\alpha_i(x)-\alpha_{i-1}(x)}{d}$；$P_i(x)=\frac{1}{d}\left(\frac{M_i}{I_i}-\frac{M_{i-1}}{I_{i-1}}\right)$。

剪力滞系数 λ^e 用差分形式分别表示为：

$$\left.\begin{aligned}
&\text{顶板}\quad \lambda_i^e=1+\alpha_i(x)\frac{EI_i}{M_i}\cdot\frac{u_{i+1}-u_{i-1}}{2d}\\
&\lambda_i^c=1-\left[\frac{1}{Z_{\text{上}}}-\alpha_i(x)\right]\frac{EI_i}{M_i}\cdot\frac{u_{i+1}-u_{i-1}}{2d}\\
&\text{底板}\quad \lambda_i^e=1+\alpha_i(x)\frac{EI_i}{M_i}\cdot\frac{u_{i+1}-u_{i-1}}{2d}\\
&\lambda_i^c=1-\left[\frac{\alpha_2}{Z_{\text{下}}}-\alpha_i(x)\right]\frac{EI_i}{M_i}\cdot\frac{u_{i+1}-u_{i-1}}{2d}
\end{aligned}\right\} \tag{4-19}$$

利用差分法求出 u 后代入式(4-19)可求得剪力滞系数。

4.1.4 变截面简支梁和悬臂梁剪滞效应差分分析

如图4-3a)所示，将简支梁划分成 n 段，段长为 d，根据式(4-18)列出每一网格点的差分方程式。

端点“o”处为简支端，因有 $u_{-1}=u_1$，则：

$$-(2+d^2k_0^{*2}\beta_0)u_0+2u_1=\frac{n_0^*P_0(x)d^2}{E} \tag{4-20}$$

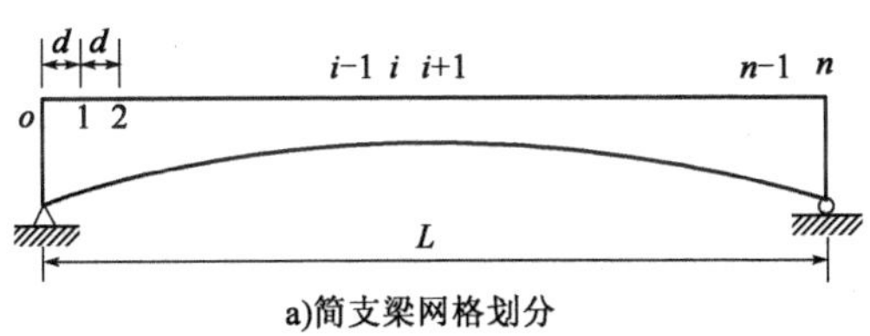

a)简支梁网格划分

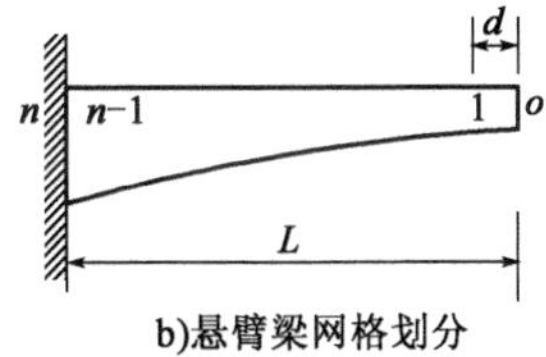

b)悬臂梁网格划分

图 4-3 变截面梁网格划分

端点"n"处为简支端,满足 $u_{n-1}=u_{n+1}$,则:

$$2u_{n-1}-(2+d^2k_n^{*\,2}\beta_n)u_n=\frac{n_n^*P_n(x)d^2}{E} \tag{4-21}$$

两端点以外的任意点 i 处有:

$$\left(1+\frac{dm_i}{2}\right)u_{i-1}-(2+d^2k_i^{*\,2}\beta_i)u_i+\left(1-\frac{dm_i}{2}\right)u_{i+1}=\frac{n_i^*P_i(x)d^2}{E} \tag{4-22}$$

整个梁有 $n+1$ 个未知数,由式(4-20)~式(4-22)可得到 $n+1$ 个方程式,求解该方程组可得到全部的解,方程组用矩阵表示为:

$$\boldsymbol{Bu}=\boldsymbol{F} \tag{4-23}$$

式中:$\boldsymbol{u}=\{u_0,u_1\cdots,u_{n-1},u_n\}^{\mathrm{T}}$;

$\boldsymbol{F}=\frac{2d^2}{E}\{n_0^*P_0,n_1^*P_1,\cdots,n_{n-1}^*P_{n-1},n_n^*P_n\}^{\mathrm{T}}$。

矩阵中主系数 $a_i=-(2+d^2k_i^{*\,2}\beta_i)\quad i=0,1,2,\cdots,n$;矩阵中除三对角线以外,其余的系数均为零。矩阵 $\boldsymbol{B}$ 是一个三对角线矩阵,采用追赶法能较快地得到方程组的解。

对于图 4-3b)所示的悬臂梁,网格点"n"处在固端,因此该点的翼板纵向位移 u_n 为零。只需根据式(4-18)对 $0\sim n-1$ 个网格点列出差分方程,方程数和未知数均为 n 个,由式(4-23)可求得未知翼板纵向位移。去掉简支梁差分解矩阵 $\boldsymbol{u}^{\mathrm{T}}$ 和 $\boldsymbol{F}^{\mathrm{T}}$ 中第 $n+1$ 项,并划去 $\boldsymbol{B}$ 中第 $n+1$ 行和 $n+1$ 列即可得到悬臂梁差分解的矩阵,在此不再另外给出表达式。

4.2 负剪力滞效应参数分析及机理分析

上述 4.1 节分别给出了等截面和变截面悬臂梁剪力滞分析的方法,本节将结合算例分析悬臂梁负剪力滞效应及影响参数,揭示负剪力滞产生的机理。

4.2.1 等截面悬臂梁

采用既有文献资料提供的有机玻璃模型作为算例，来分析等截面悬臂梁负剪力滞。图4-4a)所示为模型的基本尺寸，材料的弹性模量 $E = 2900\text{MPa}$，泊松比 $\nu = 0.375$。悬臂梁受到4种形式荷载作用，如图4-4b)所示。

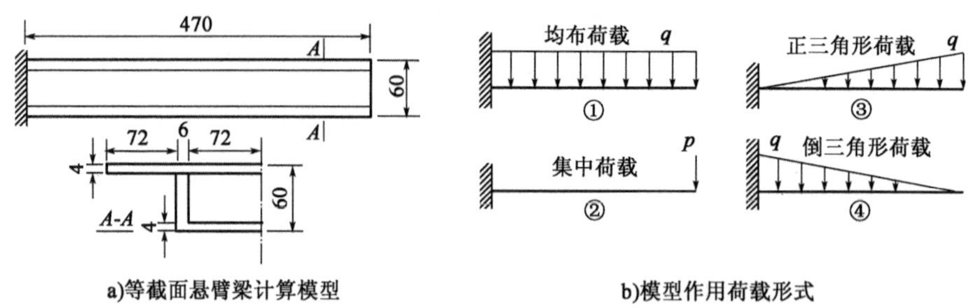

a)等截面悬臂梁计算模型　b)模型作用荷载形式

图4-4　算例尺寸和荷载简图(尺寸单位:mm)

图4-5～图4-8中翼板中点剪力滞系数 $\lambda^c = \sigma^c/\sigma^-$；翼板与腹板相交处剪力滞系数 $\lambda^e = \sigma^e/\sigma^-$。其中 σ^c 为翼板中点考虑剪力滞效应时的弯曲正应力，σ^e 为翼板与腹板相交处考虑剪力滞效应时的弯曲正应力，σ^- 为翼板按基本梁理论计算的弯曲正应力。下列图中横坐标(x)0点对应于梁的悬臂端，λ^c 和 λ^e 的意义均按上述规定，不再另外说明。

在均布荷载①作用下，由变分理论式(4-10)得到正负剪力滞分界点离自由端距离为 $x = 377.35\text{mm}$，变分理论计算与实测结果、有限元分析值(大型有限元程序ANSYS)示于图4-5中。三者吻合得较好，有限元法与变分法计算结果的差值主要是后者假设条件引起的。

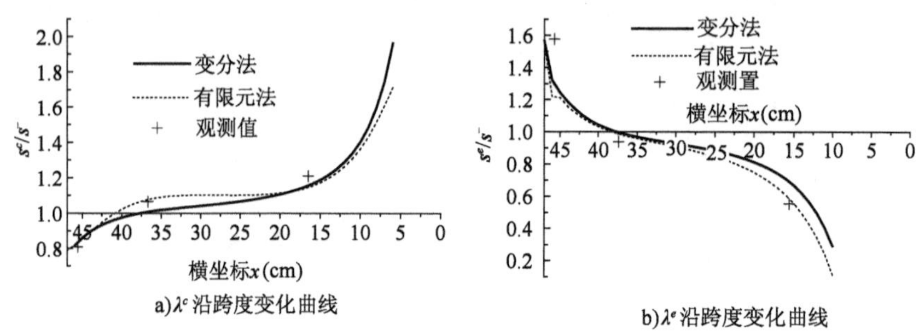

a)λ^c 沿跨度变化曲线　b)λ^e 沿跨度变化曲线

图4-5　均布荷载作用下剪力滞系数沿跨度的变化

在集中荷载②作用下，变分法算得没有负剪力滞效应发生，在 λ^c 图中与有限元计算结果略有出入，图 4-6 为变分法与有限元值、实测值。

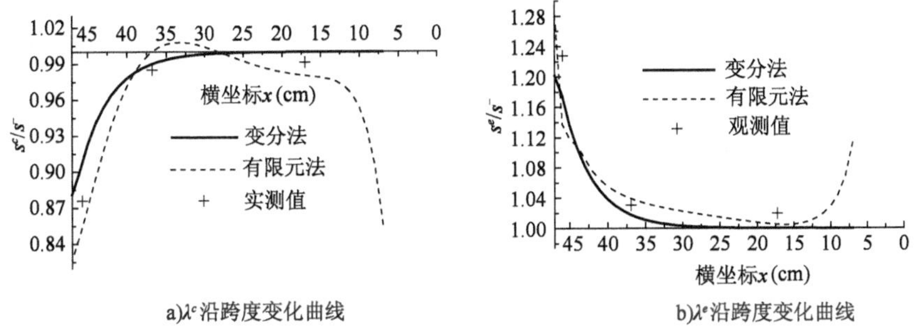

a)λ^c沿跨度变化曲线　　b)λ^e沿跨度变化曲线

图 4-6　集中荷载作用下剪力滞系数沿跨度的变化

在正三角形荷载③作用下，悬臂梁出现了负剪力滞效应，正负剪力滞分界点由变分法算得离自由端 352.69mm，计算结果如图 4-7 所示。

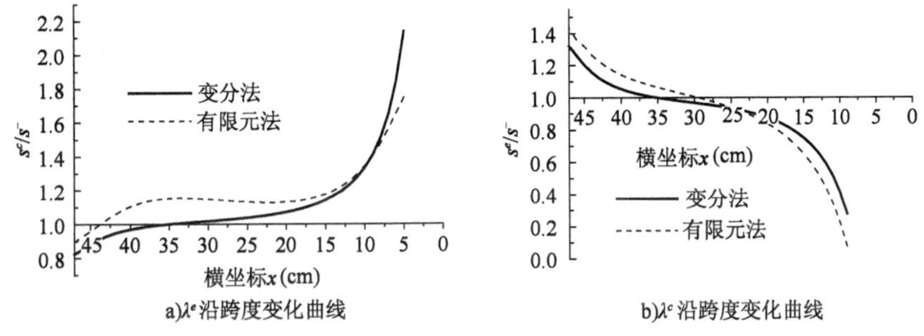

a)λ^e沿跨度变化曲线　　b)λ^c沿跨度变化曲线

图 4-7　正三角形荷载作用下剪力滞系数沿跨度的变化

在倒三角形荷载④作用下，悬臂梁有负剪力滞效应产生，正负剪力滞分界点由变分法算得离自由端 395.7mm，图 4-8 为变分法与有限元分析结果。

由图 4-5、图 4-7 和图 4-8 可以看出，在均布、正三角形以及倒三角形三种荷载作用下，悬臂梁均出现了负剪力滞效应。用变分法计算出的正、负剪力滞效应分界点与有限元计算的值有误差。根据变分理论，在 λ^c 和 λ^e 图中分界点的值应该相同，有限元法计算出的分界点值在两图中不一致，其中图 λ^e 中的值和变分法较为吻合，而图 λ^c 中的值有一定的误差。主要原因是采用实体模型计算时，荷载对称加在两腹板处，翼板中点的弯曲正应力受到翼板横向弯曲、单元变形以及可能存在的翘曲变形等因素影响。为比较这三种荷载对剪力滞效应的影响程度,将三者计算结果示于图4-9,图中只比较用变分法计算的结果。由图知倒三角形荷载对负剪力滞效应的影响更大,影响区域也长,主要原因是其剪力流沿跨度方向变化激烈造成的。在均布荷载作用下,负剪力滞区域长度与均布荷载布载长度成正比关系。

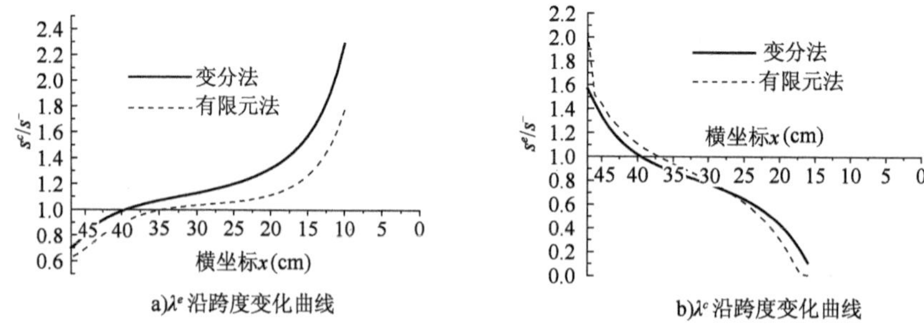

图4-8　倒三角形荷载作用下剪力滞系数沿跨度的变化

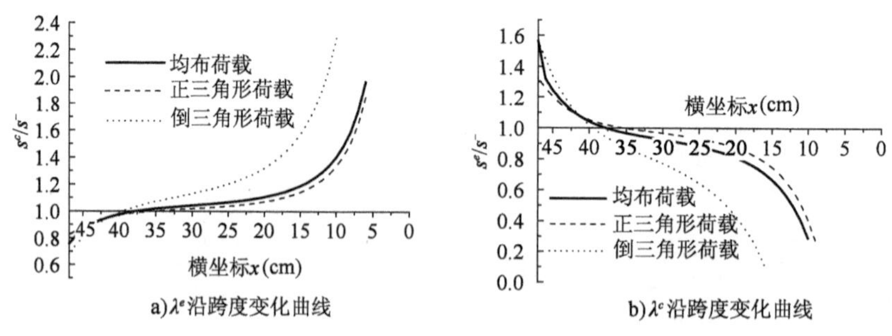

图4-9　不同形式荷载作用下剪力滞系数沿跨度的变化

图4-5～图4-9针对不同形式荷载作用,详细分析了悬臂梁的负剪力滞效应,就负剪力滞区域的长度以及负剪力滞系数的大小做了比较。梁的宽跨比是影响正剪力滞效应的一个重要因素,对于负剪力滞效应的影响程度,在图4-10中给出均布荷载作用下,不同宽跨比对剪力滞系数的影响。由图可以看出,宽跨比越大,负剪力滞效应越明显,正负剪力滞分界点位置变化不大。

4.2.2　变截面悬臂梁

采用张士铎等提供的有机玻璃模型资料作为算例,来分析变截面悬臂梁负剪力滞,图4-11所示为模型的基本参数,截面高度按线性变化,材料的弹性模量$E=2900\text{MPa}$,泊松比$\nu=0.375$。悬臂梁受到4种形式荷载的作用,如图4-4b)

所示。在均布荷载①作用下,由差分法算得悬臂梁出现负剪力滞效应,差分法、有限元法以及实测值示于图4-12。

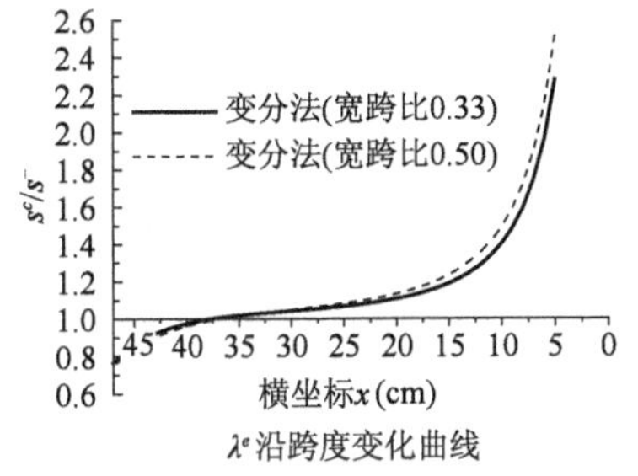

图4-10 不同宽跨比时剪力滞系数沿跨度的变化

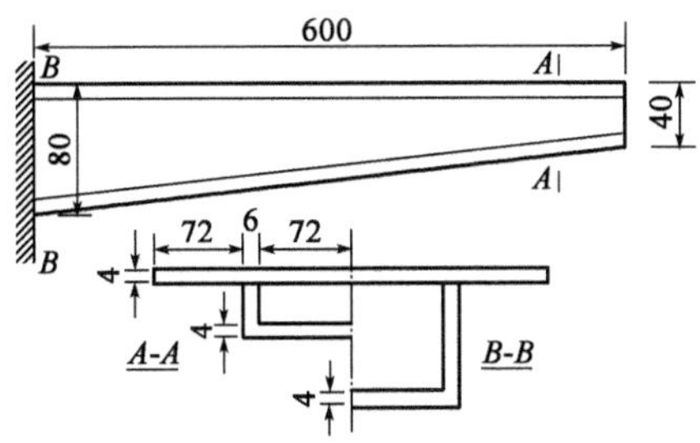

图4-11 变截面悬臂梁计算模型(尺寸单位:mm)

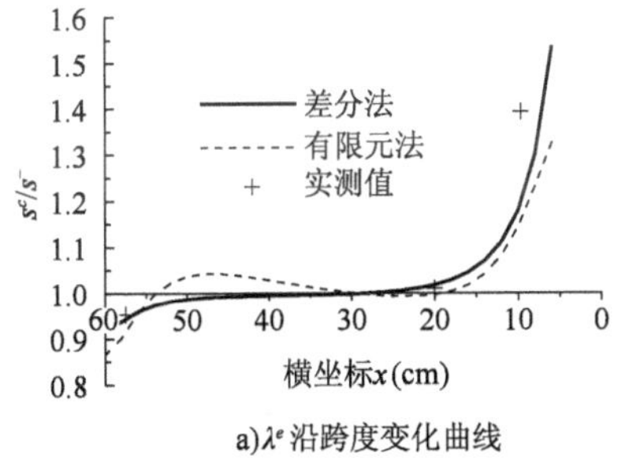

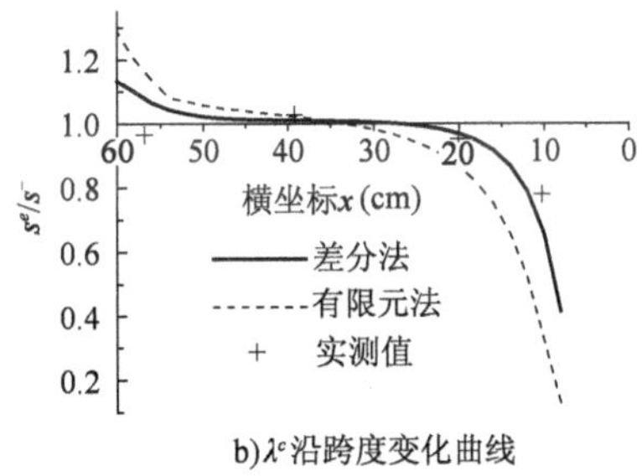

图4-12 均布荷载作用下剪力滞系数沿跨度的变化

在集中荷载作用下,差分法计算表明悬臂梁没有负剪力滞效应出现。在翼板中点处,差分法与有限元法有一定的出入。图4-13所示为差分法、有限元法以及实测的结果。

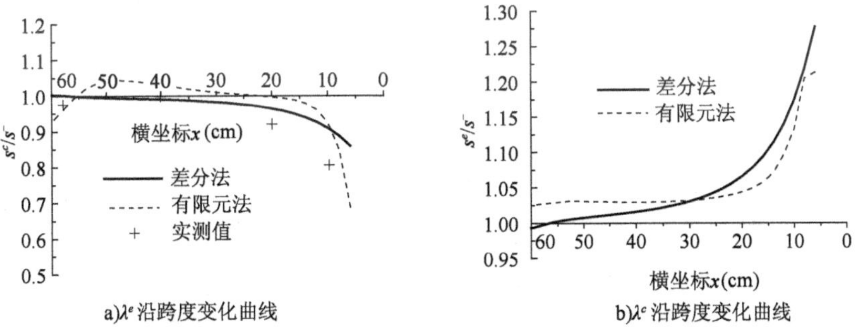

图4-13 集中荷载作用下剪力滞系数沿跨度的变化

在正三角形荷载作用下,梁出现了负剪力滞效应,出现的区域长度小于均布荷载作用下的长度,差分法和有限元法计算结果示于图 4-14。

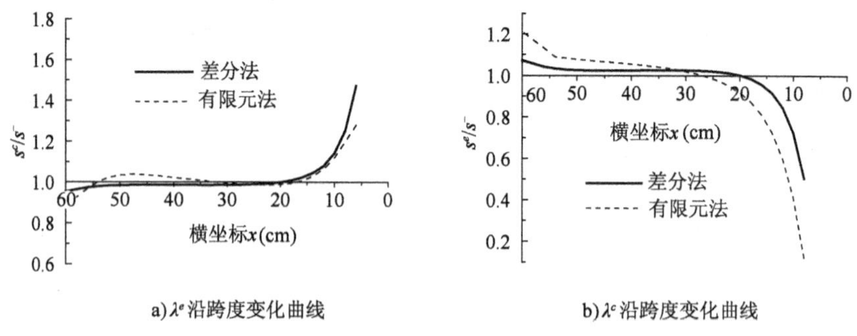

图 4-14 正三角形荷载作用下剪力滞系数沿跨度的变化

在倒三角形荷载作用下,负剪力滞效应区域很明显地长于其他荷载形式作用下的值,差分法、有限元法和实测结果示于图 4-15。

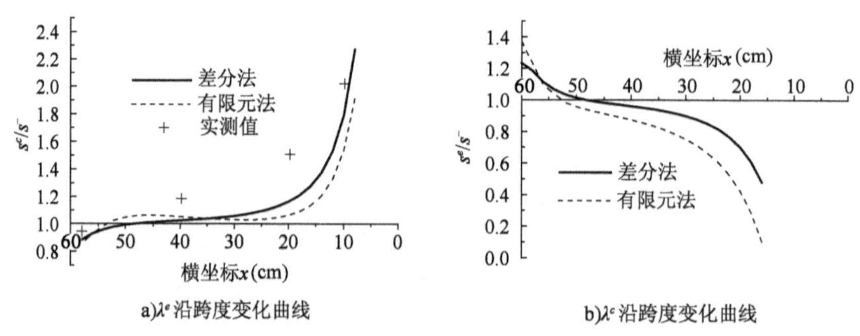

图 4-15 倒三角形荷载作用下剪力滞系数沿跨度的变化

由上述分析可知,变截面悬臂梁在荷载形式①、③和④作用下,均有负剪力滞效应发生。与等截面相似,倒三角形荷载对负剪力滞效应影响较其他的荷载形式明显,均布荷载次之,其根本原因是沿跨度方向剪力流变化程度不同造成。为比较荷载形式的影响程度,特将上述三种荷载的计算结果示于图 4-16。无论是线性还是抛物线变高变截面悬臂梁,在均布荷载作用下,当负剪力滞区域长度没有达到最大值时,负剪力滞区域长度与布载长度成正比关系。

上面详细分析了线性变高的变截面梁在不同荷载形式作用下的剪力滞效应,除自由端作用一集中力外,其余三种形式荷载作用下均出现负剪力滞效应。

为比较截面变高方式的影响，图4-17～图4-19在均布荷载形式作用下，分别计算了采用几种截面变高方式时，剪力滞系数沿跨度的变化以及离自由端1/3处截面剪力滞系数。由图可知，采用高次抛物线时，剪力滞效应更突出、更复杂，采用二次抛物线时剪力滞系数变化比较缓和。

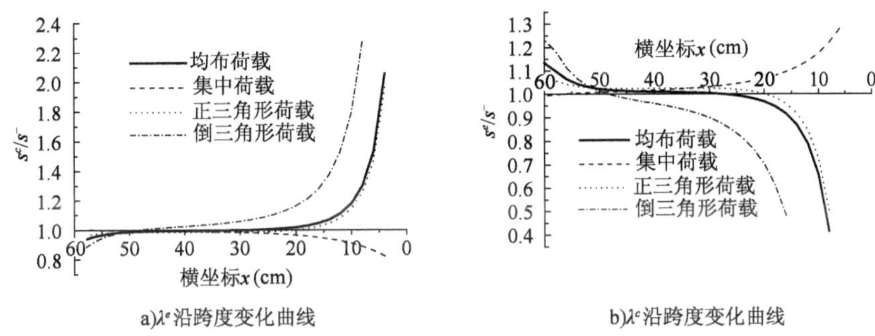

图4-16 不同形式荷载作用下剪力滞系数沿跨度的变化

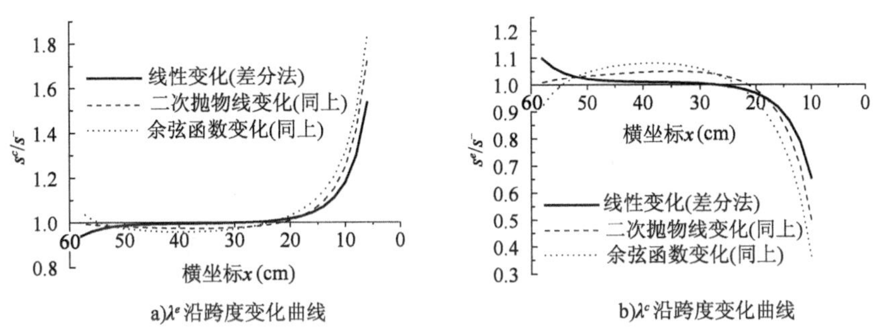

图4-17 截面不同变高形式下剪力滞系数沿跨度的变化(差分法)

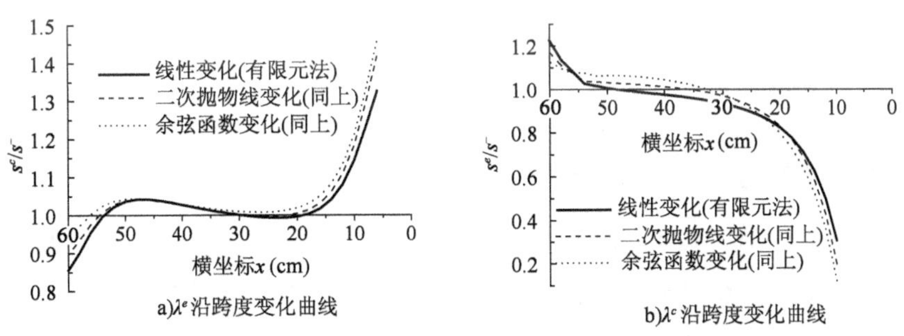

图4-18 截面不同变高形式下剪力滞系数沿跨度的变化(有限元法)

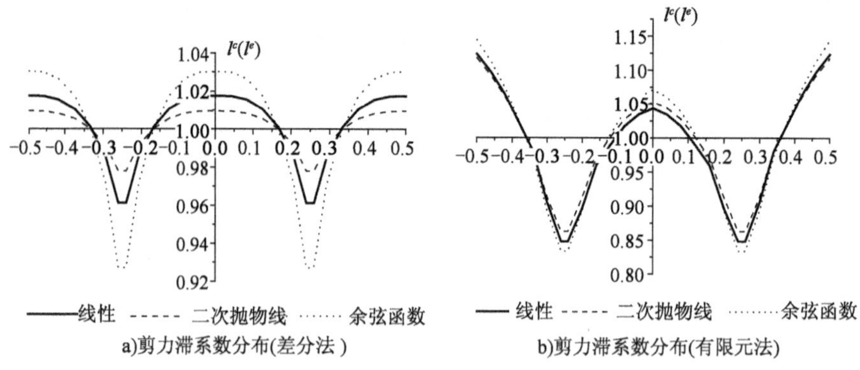

图4-19 不同变高形式下 *A-A* 截面剪力滞系数分布

宽跨比是影响变截面悬臂梁剪力滞效应的一个主要因素，该比值越大剪力滞效应越明显，如图4-20所示。为简化计算量，在此只分析均布荷载作用下，截面高度按线性变化的情况，对于其他的荷载作用形式、变高方式同样可以得到类似的结果。

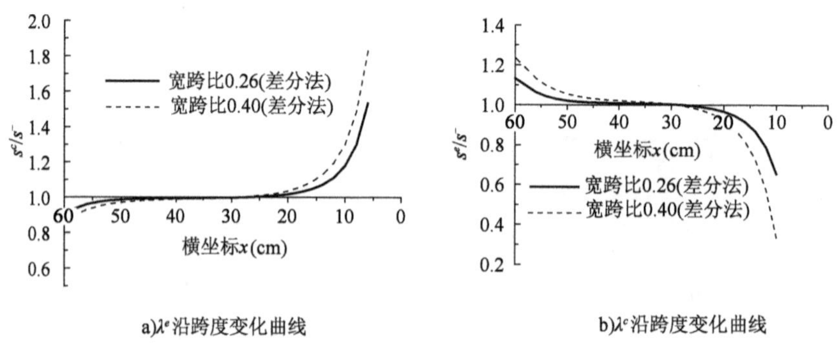

图4-20 采用不同宽跨比时剪力滞系数沿跨度的变化

4.2.3 负剪力滞效应机理分析

由4.1.1节中式(4-6)可以看出，当剪力滞效应引起的附加弯矩 M_F 和外荷载作用下的弯矩 M 异号时，腹板与翼板相交处的应力 σ^e 小于按初等梁理论计算的值，即出现负剪力滞效应；反之，两者同号时出现正剪力滞效应。式(4-7)和式(4-8)为悬臂梁分别在集中和均布荷载作用下 M_F 的表达式，前者 M_F 不随截面位置而改变符号,而后者出现变号点。故支座约束形式和荷载作用形式是产生负剪力滞效应的根本原因,两者缺一不可。对于均布荷载,简支梁由于剪力滞效应而引起的附加弯矩 M_F不随截面位置而改变,但悬臂梁中剪力滞效应产生的附加弯矩 M_F则发生符号改变,引起负剪力滞效应。Kenneth W. Shushkewich 利用叠加法对悬臂梁负剪力滞效应进行了解释,本书根据离散结构正负弯矩考虑剪力滞效应所产生的应力,在不同位置处叠加得到综合应力值,由该应力值可判断是否出现负剪力滞效应。该方法比较直观,但其本质还是剪力滞效应附加弯矩引起的。

4.3　本章小结

本章针对悬臂梁进行剪力滞效应分析,着重分析其负剪力滞效应产生的条件以及产生的机理,主要研究结论为:

①对于等截面悬臂梁,根据最小势能原理,由变分法推导出悬臂梁剪力滞系数的解析解,得到截面附加弯矩的表达式,附加弯矩沿跨度方向是否变号是产生负剪力滞的依据。根据不同荷载作用形式,由附加弯矩的具体表达式可以判断出在均布、三角形荷载等分布荷载作用下,悬臂梁出现了负剪力滞效应;自由端作用集中荷载时,不会产生负剪力滞效应。

②对于变截面悬臂梁,根据等截面悬臂梁所推导的方程,利用差分来求解方程,得到变截面悬臂梁剪力滞效应的差分表达式。对于简支梁和悬臂梁,该差分解最后可以归结为求解方程组的解。

③通过算例分析表明,无论是等截面或变截面悬臂梁,自由端作用集中荷载时都不会产生负剪力滞,在分布荷载作用下,悬臂梁都不同程度地产生了负剪力滞;沿跨度方向剪力流变化激烈的作用荷载,对于负剪力滞的影响明显、产生的负剪力滞区域也长;随着宽跨比的增大,负剪力滞效应也相应地突出。

④在均布荷载作用下,无论是等截面或变截面悬臂梁,负剪力滞区域的长度与布载的长度成正比关系。

第5章　梁式桥箱形梁剪力滞效应参数分析

箱形梁应用得比较普遍，在前面的第2、3和第4章中详细推导了计算其剪力滞系数的理论和方法。对于悬臂梁剪力滞效应，尤其是负剪力滞效应，在第4章中结合算例做了较为详细的分析，本章不再另外讨论其剪力滞效应参数。以下将分别根据等截面和变截面情况对简支梁以及连续梁的剪力滞效应影响参数进行分析。

5.1　简支梁剪力滞效应参数分析

影响箱形截面剪力滞效应的主要因素包括几何参数与外荷载形式，例如截面几何形状、宽跨比、翼板外伸板长度、截面高度、集中荷载或均布荷载等因素。为分析这些参数的影响，下面将采用有机玻璃试验模型进行参数分析。模型截面如图5-1所示，简支梁的跨度为800mm，测得有机玻璃弹性模量为$E=3000\text{MPa}$，泊松比为$\nu=0.385$，均布荷载为1.6N/mm。

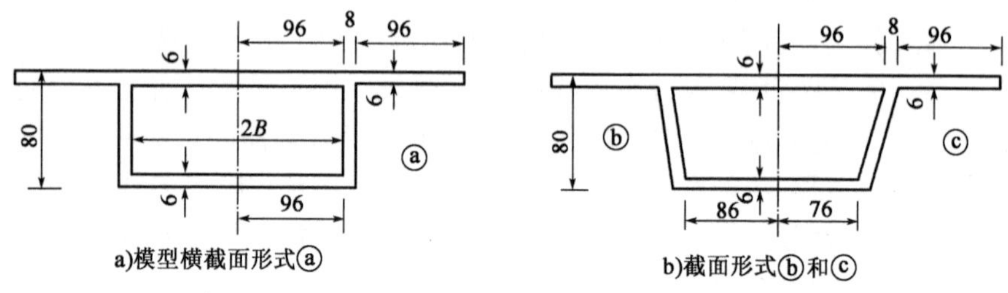

图5-1　计算模型横截面(尺寸单位:mm)

由于分析的参数较多，相应的计算结果也较多，故针对每一个参数，本文给出几个典型的结果，即跨中横截面的上翼板剪力滞系数分布以及上翼板与腹板相交处剪力滞系数沿跨度的分布。以下图中用λ^e表示翼板与腹板相交处剪力滞系数，各横截面到坐标原点的距离与跨长的比值表示为x/L。

5.1.1　等截面简支梁

对于等截面简支梁分别进行如下参数分析。

1)横截面形式

如图 5-1a)和 b)所示,取该三种截面形式来分析腹板斜度的影响,梁承受均布荷载作用。图 5-2 中示出了不同截面形式下,跨中横截面的上翼板剪力滞系数分布以及剪力滞系数 λ^e 沿跨度的变化。剪力滞系数沿横截面分布图中横坐标为翼板计算点与翼板宽度的比值 y/B,以下图中均按此规定。

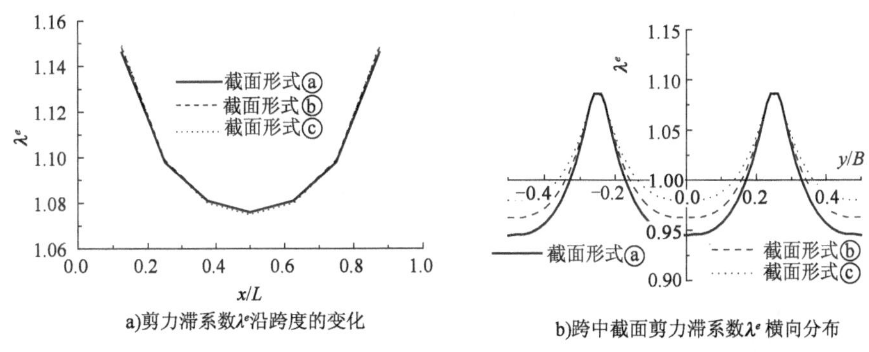

图 5-2　不同截面形式对剪力滞效应的影响

由图 5-2 可以看出,不同底板宽度对简支箱梁剪力滞系数的影响不大,从而可以判断腹板斜度变化对简支箱梁截面剪力滞系数 λ^e 影响较小。尽管随着底板宽度的减小,上翼板刚度与截面刚度比值相应减小,导致上翼板剪力滞系数 λ^e 减小,但变化的幅度非常小,故可以近似采用矩形截面来代替梯形截面进行简支梁剪力滞分析。

2)翼板外伸板长度

为分析翼板外伸板长度的影响,横截面如图 5-1a)所示,除翼板外伸板长度外,其他尺寸不变,取翼板外伸板长度分别为 112mm、96mm 和 80mm 进行分析,梁承受均布荷载作用。不同翼板外伸板长度下,跨中横截面的上翼板剪力滞系数分布以及剪力滞系数 λ^e 沿跨度的分布如图 5-3 所示。

从图 5-3 可以看出,翼板外伸板长度对简支箱梁剪力滞效应的影响与腹板之间翼板宽度有关。当翼板外伸板长度大于两腹板间翼板宽度一半时,随着翼板长度的增加剪力滞系数 λ^e 也随着增加,整个跨度上均具有此规律。当翼板长度小于两腹板间翼板宽度一半时,翼板长度的变化导致剪力滞系数 λ^e 增加,但增加的幅度很小,影响不显著。

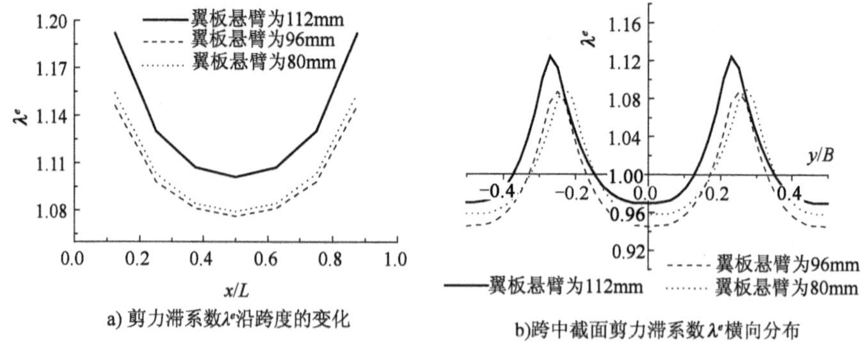

a) 剪力滞系数λ^e沿跨度的变化

b)跨中截面剪力滞系数λ^e横向分布

图 5-3 不同翼板外伸板长度对剪力滞效应的影响

3)宽跨比

宽跨比是指两腹板间距离 B 与跨度 L 的比值。为分析宽跨比的影响,横截面如图 5-1a) 所示,分别取跨度为 500mm、800mm 和 1200mm 进行分析,梁承受均布荷载作用。不同宽跨比下,跨中横截面上翼板剪力滞系数的分布以及剪力滞系数 λ^e沿跨度的分布如图 5-4 所示。

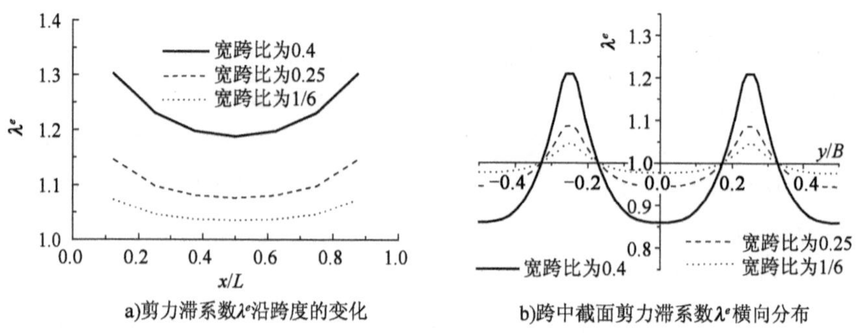

a)剪力滞系数λ^e沿跨度的变化

b)跨中截面剪力滞系数λ^e横向分布

图 5-4 不同宽跨比对剪力滞效应的影响

由图 5-4 可以很明显地看出,宽跨比对剪力滞效应的影响非常显著,随着宽跨比的增加剪力滞系数 λ^e 相应增加。图 5-4a) 示出了 λ^e沿跨度的变化规律,在不同的宽跨比下具有相同的变化规律,即三条曲线几乎相互平行。说明宽跨比对剪力滞效应的影响与截面位置无关,在任何一个截面处均具有相同的规律。

4)截面高度

为分析截面高度变化对剪力滞效应的影响,横截面如图 5-1a)所示,分别取截面高度为 60mm、80mm 和 100mm 进行分析,梁承受均布荷载作用。图 5-5 中示出了跨中横截面的上翼板剪力滞分布以及剪力滞系数 λ^e 沿跨度的分布。

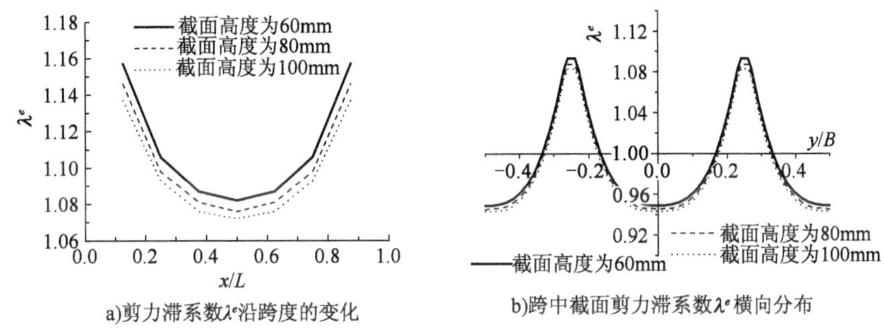

图 5-5 不同截面高度对剪力滞效应的影响

从图 5-5 中可以看出,随着截面高度的增加,剪力滞系数 λ^e 相应地减小。广义翼板刚度与截面刚度的比值随高度增加而减小,是导致剪力滞系数 λ^e 随高度增加而减小的主要原因。因此,增加截面的高度可以减小剪力滞效应引起的附加应力。

5)荷载形式

对于荷载形式的影响,分别按均布荷载和集中荷载进行分析。对于集中荷载情况,进一步分析荷载不同作用位置的影响。图 5-6 出了跨中横截面的上翼板剪力滞系数分布以及剪力滞系数 λ^e 沿跨度的分布情况。

由图 5-6a)可以看出,均布荷载作用下剪力滞系数沿跨度的变化较缓和,越靠近支座处剪力滞系数越大。在集中荷载作用下,剪力滞效应只对局部区域有影响。在集中荷载作用点处剪力滞系数最大,并且越靠近支座处该值越大,在非荷载作用点处剪力滞系数急剧下降。图 5-6b)示出了集中荷载 p 分别作用于图 5-6a)所示相应 p_1、p_2、p_3、p_4 位置时,跨中截面上翼板剪力滞系数的分布规律。可以看出,当荷载作用点远离跨中截面时,跨中截面应力横向分布较均匀,可以采用基本梁理论来计算该截面的应力。

5.1.2 变截面简支梁

对于变截面简支梁计算模型,本书假定截面高度按抛物线变化,跨中截面和支座处根部截面如图 5-7a）所示。梁的跨度为 800mm，材料特性等参数同上述算例模型。采用本书第 4 章所推导的有限差分法来计算剪力滞效应，与等截面简支梁一样考虑截面形式、翼板外伸板长度、截面高度、宽跨比、荷载形式等 5 个参数的影响。

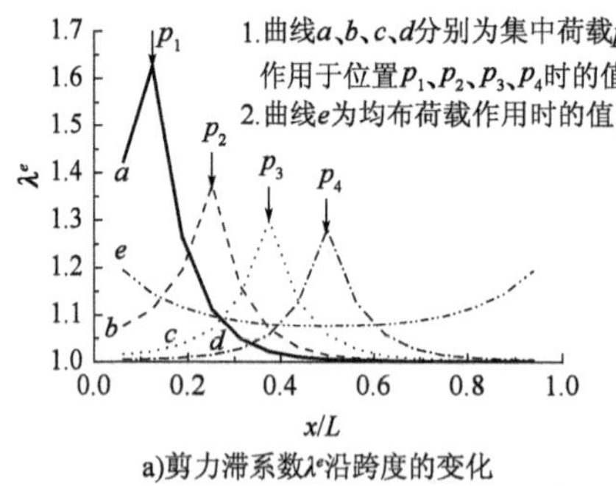

a）剪力滞系数λ^e沿跨度的变化

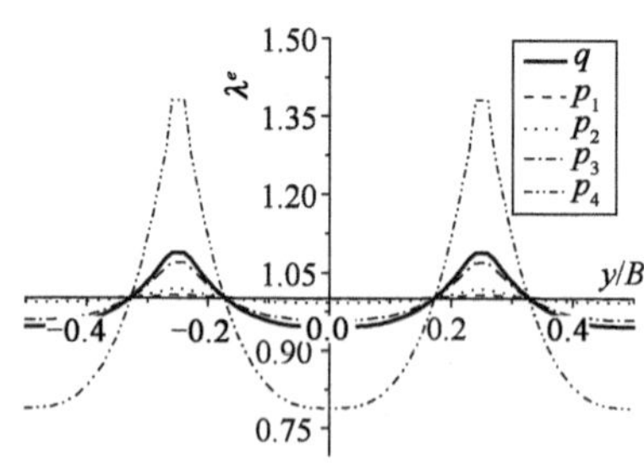

b）跨中截面剪力滞系数λ^e横向分布

图 5-6　不同荷载形式对剪力滞效应的影响

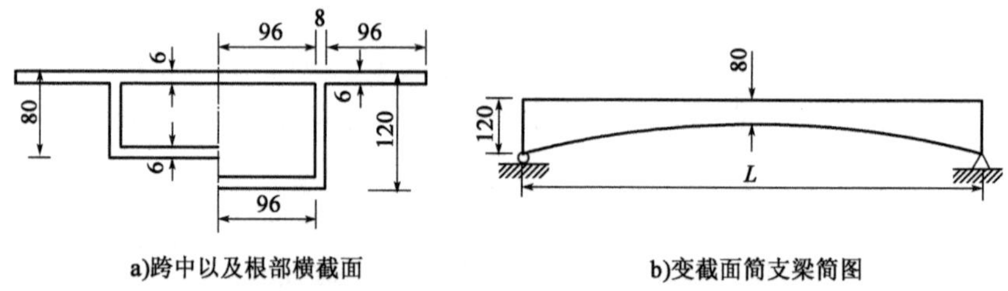

a）跨中以及根部横截面

b）变截面简支梁简图

图 5-7　变截面简支梁计算模型示意（尺寸单位：mm）

1）截面形式

如图 5-1a）和 b）所示，取该 3 种截面形式来分析腹板斜度的影响，截面高度的变化如图 5-7 所示，梁承受均布荷载作用。图 5-8 中示出了不同截面形式下，跨中横截面的上翼板剪力滞系数分布以及剪力滞系数 λ^e 沿跨度的变化。

从图 5-8 中可以看出，对于变截面简支梁，在跨中一定范围内随着底板宽度的增加，上翼板刚度与总刚度的比值增加，剪力滞系数 λ^e 也相应地有所增加，但增加的幅度小于 3%。故不同截面形式对变截面简支梁的剪力滞效应影响不明显，即腹板斜度的影响不显著。与等截面简支梁不同的是剪力滞系数 λ^e 越靠近支座处越小。

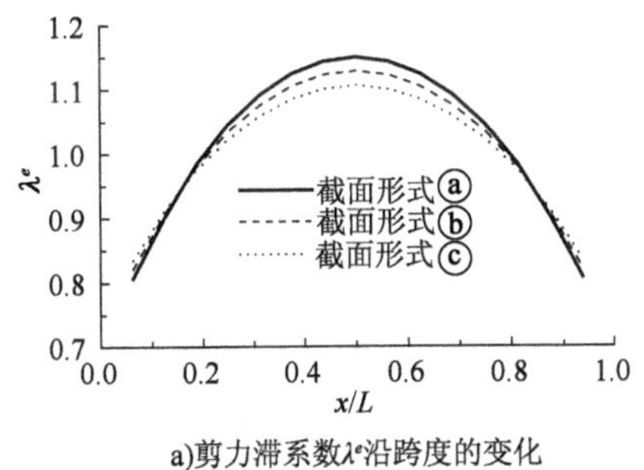

a)剪力滞系数λ^e沿跨度的变化

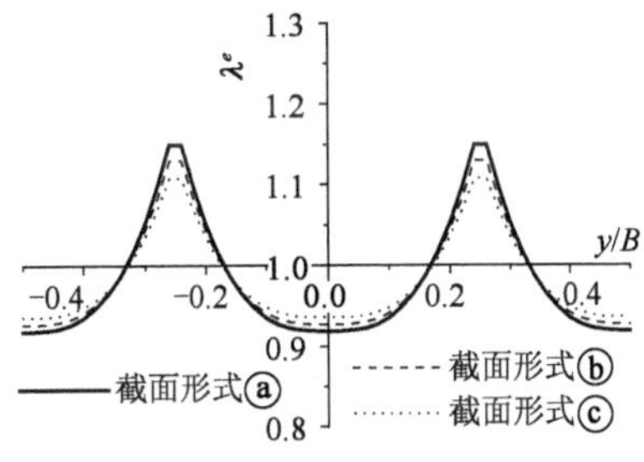

b)跨中截面剪力滞系数λ^e横向分布

图5-8 不同截面形式对剪力滞效应的影响

2)翼板外伸板长度

为分析变截面梁翼板外伸板长度的影响,如图5-7所示,除翼板外伸板长度外其余参数不变,取翼板外伸板长度分别为112mm、96mm和80mm进行分析,梁承受均布荷载作用。不同翼板外伸板长度下,跨中横截面的上翼板剪力滞系数分布以及剪力滞系数λ^e沿跨度的分布如图5-9所示。

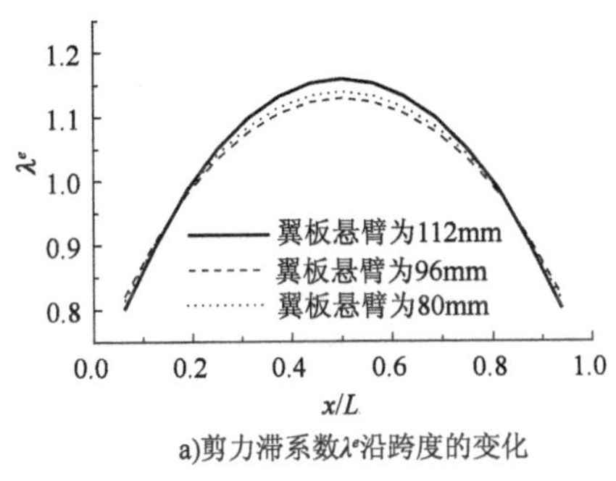

a)剪力滞系数λ^e沿跨度的变化

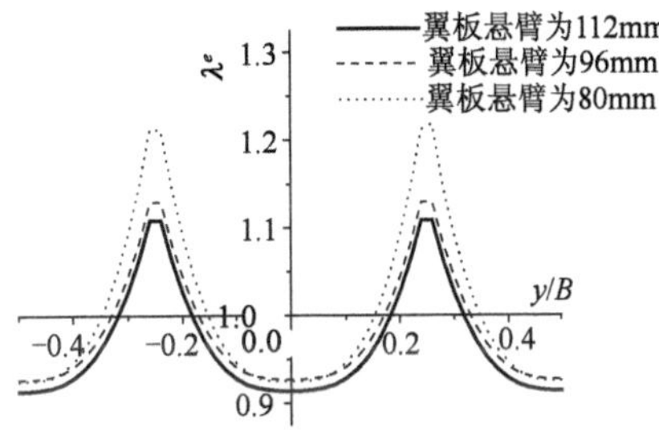

b)跨中截面剪力滞系数λ^e横向分布

图5-9 不同翼板外伸板长度对剪力滞效应的影响

从图5-9可以看出,翼板外伸板长度对变截面简支箱梁剪力滞效应的影响与腹板之间翼板宽度有关。当翼板外伸板长度大于两腹板间翼板宽度一半时,随着翼板长度的增加剪力滞系数λ^e也随着增加,增加的幅度在3%左右。当翼板长度小于两腹板间翼板宽度一半时,翼板长度的变化对剪力滞效应的影响不显著,剪力滞系数λ^e增加的幅度在1%左右。

3)宽跨比

宽跨比是指两腹板间距离B与跨度L的比值,定义为宽跨比。为分析宽跨比的影响，取图 5-7 中所示的截面形式以及尺寸，分别取跨度为 500mm、800mm 和 1200m 进行分析，梁承受均布荷载作用。不同宽跨比下跨中横截面的上翼板剪力滞系数分布以及剪力滞系数 λ^e 沿跨度的分布如图 5-10 所示。

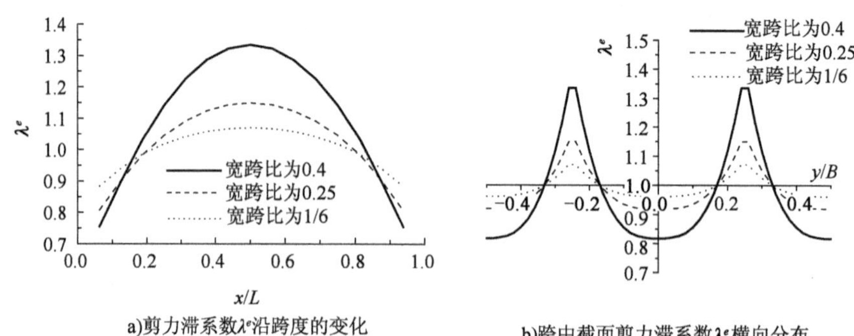

a)剪力滞系数λ^e沿跨度的变化

b)跨中截面剪力滞系数λ^e横向分布

图 5-10　不同宽跨比对剪力滞效应的影响

由图 5-10 可以很明显地看出，宽跨比对剪力滞效应的影响非常显著，随着宽跨比的增加剪力滞系数 λ^e 相应增加。图 5-10a）示出了 λ^e 沿跨度的变化规律，在不同的宽跨比下具有相同的变化规律，即除靠近两支座处外，随着宽跨比的增加剪力滞系数 λ^e 相应增加，说明宽跨比对剪力滞效应的影响规律与截面位置无关，在任何一个截面处均具有相同的规律，在两支座附近剪力滞系数变化规律与梁跨中间部分相反。

4）截面高度

为分析截面高度变化对剪力滞效应的影响，保持跨中截面高度不变，分别取根部截面高度为 100mm、120mm 和 160mm 进行分析，其他尺寸如图 5-7 所示，梁承受均布荷载作用。图 5-11 中示出了跨中横截面的上翼板剪力滞分布以及剪力滞系数 λ^e 沿跨度的分布。

从图 5-11 中可以看出，截面高度变化对变截面简支梁剪力滞效应具有一定的影响。在跨中 $L/3$ 范围左右，随着根部截面高度的增加，剪力滞系数 λ^e 相应增加。在两支座 $L/3$ 范围左右，剪力滞系数 λ^e 随根部截面高度的增加而减小。由图 5-11a）可看出，截面高度变化缓和时，剪力滞系数 λ^e 沿跨度的变化也较缓和，故变截面简支梁的截面高度变化激烈程度，将影响剪力滞系数沿跨度的变化激烈程度。

5）荷载形式

对于荷载形式的影响，分别按均布荷载和集中荷载进行分析。对于集中荷载情况，进一步分析荷载不同作用位置的影响。图 5-12 给出了跨中横截面的上翼板剪力滞系数分布以及剪力滞系数 λ^e沿跨度的分布情况。

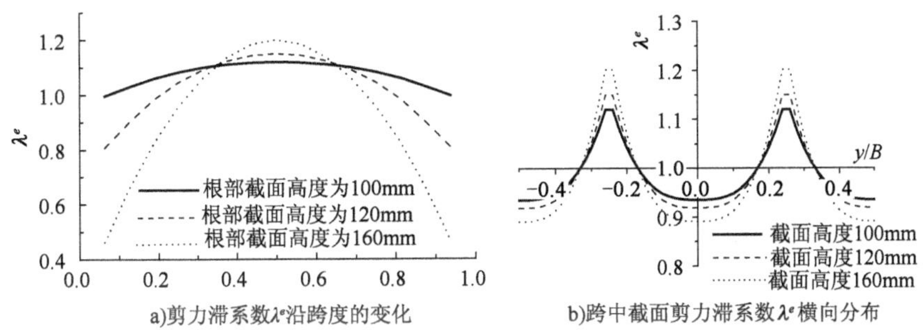

图 5-11　不同截面高度对剪力滞效应的影响

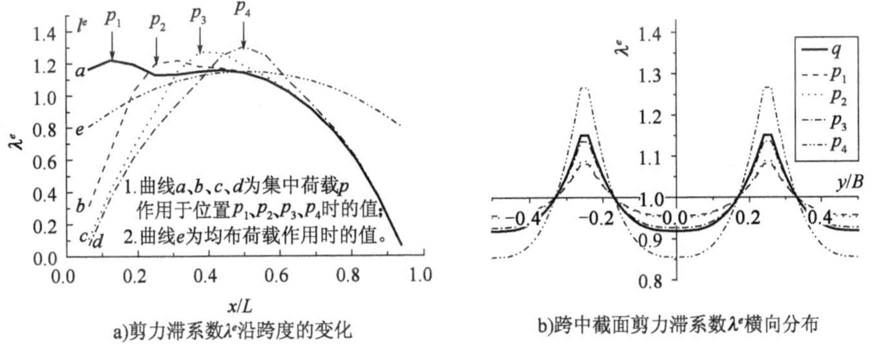

图 5-12　不同荷载形式对剪力滞效应的影响

由图 5-12a)可以看出，均布荷载作用下剪力滞系数沿跨度的变化较缓和，越靠近跨中剪力滞系数越大。在集中荷载作用下，剪力滞效应只对局部区域有影响。在集中荷载作用点处剪力滞系数最大，并且该作用点越靠近跨中该值越大，但增加的幅度不大，在非荷载作用点处剪力滞系数逐渐减小。当荷载作用点在任一半跨移动时，对另一半跨截面剪力滞系数的影响较小。图 5-12b)示出了集中荷载 p 分别作用于图 5-12a)所示相应位置 p_1、p_2、p_3、p_4 时，跨中截面上翼板剪力滞系数分布规律。由图可以看出，当荷载作用点离跨中截面较远时，移动荷载作用点位置的变化对跨中截面剪力滞系数产生影响较小。

5.2 连续梁剪力滞效应参数分析

连续梁在实际工程中应用得较多,因此分析参数对其剪力滞效应的影响是必要的。由结构力学内力分析可知,连续梁可以在反弯点处离散为简支结构,将支反力作为外力加在离散后的简支梁上。故连续梁理论上通过离散连续梁为简支梁来考察其剪力滞效应是可行的,但这种通过分析单个简支梁来分析连续梁剪力滞效应的方法较烦琐,不如直接对连续梁进行分析得到其变化规律来得方便。

影响连续梁剪力滞效应的主要参数包括:截面形式、翼板外伸板长度、宽跨比、截面高度、荷载作用形式等参数,翼板和腹板的厚度变化对其也产生一定的影响。下面将以两等跨连续梁为例来分析上述参数的影响,截面形式如图5-1所示,材料特性等参数与上述算例相同,跨长为 400mm。

对每一个参数,本文给出几个典型的结果,即内支座横截面的上翼板剪力滞系数分布以及上翼板与腹板相交处剪力滞系数沿跨度的分布。以下图中用 λ^e 表示内支座横截面翼板与腹板相交处剪力滞系数,各横截面到坐标原点的距离与跨长的比值表示为 x/L,坐标原点定在梁端,L 为梁长。

5.2.1 等截面连续梁

对于等截面连续梁分别进行如下参数分析。

1)截面形式

如图 5-1a)和 b)所示,取该三种截面形式来分析腹板斜度的影响,梁承受均布荷载作用。图 5-13 中示出了不同截面形式下,跨中横截面的上翼板剪力滞系数分布以及剪力滞系数 λ^e 沿跨度的变化。

由图 5-13 可以看出,不同底板宽度对连续等截面箱梁剪力滞系数 λ^e 的影响不大,从而可以判断腹板斜度对连续等截面箱梁剪力滞效应影响较小。尽管随着底板宽度的增加,上翼板的刚度与截面刚度比值增加,导致上翼板剪力滞系数 λ^e 随之增加,增加的幅度小于 8%,故可以近似采用矩形截面来代替梯形截面进行剪力滞分析。由图 5-13a)可知,在均布荷载作用下,跨中支座负弯矩区出现了负剪力滞现象。

2)翼板外伸板长度

为分析翼板外伸板长度的影响,横截面如图 5-1a)所示,除翼板外伸板长度外其他尺寸不变,取翼板外伸板长度分别为 112mm、96mm 和 80mm 进行分析,梁承受均布荷载作用。不同翼板外伸板长度下，跨中横截面的上翼板剪力滞系数分布以及剪力滞系数 λ^e 沿跨度的分布如图 5-14 所示。

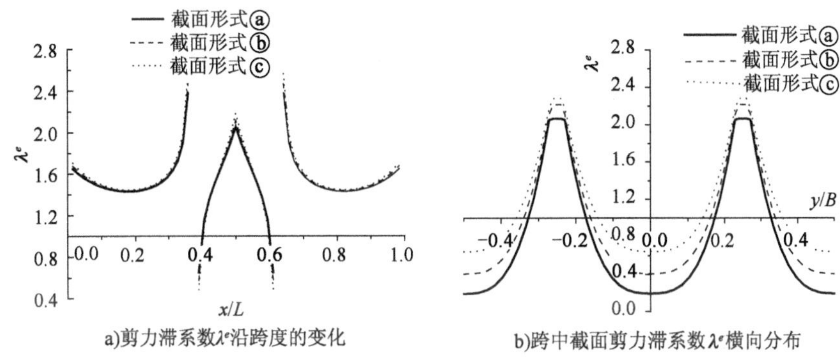

图 5-13　不同截面形式对剪力滞效应的影响

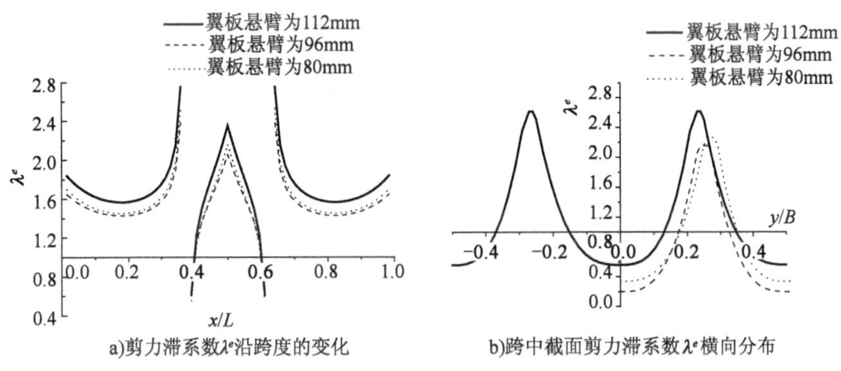

图 5-14　不同翼板外伸板长度对剪力滞效应的影响

从图 5-14 可以看出，翼板外伸板长度对等截面连续箱梁剪力滞效应的影响与腹板之间翼板宽度有关。当翼板外伸板长度大于两腹板间翼板宽度一半时，随着翼板长度的增加剪力滞系数 λ^e 相应增加，增幅在 25% 左右。当翼板长度小于两腹板间翼板宽度一半时，翼板长度的变化对剪力滞系数 λ^e 的影响不显著，增幅小于 10% 。在反弯点附近，翼板外伸板长度变化对截面剪力滞系数的影响很小，可以不加考虑。

3）宽跨比

对于连续梁，任意一跨的宽跨比同样可定义为两腹板间距离 B 与该跨的跨

度 L 的比值。为分析宽跨比的影响，横截面如图 5-1a）所示，分别取跨度为 800mm、1200m 和 1600mm 进行分析，梁承受均布荷载作用。不同宽跨比下跨中横截面的上翼板剪力滞系数分布以及剪力滞系数 λ^e 沿跨度的分布如图 5-15 所示。

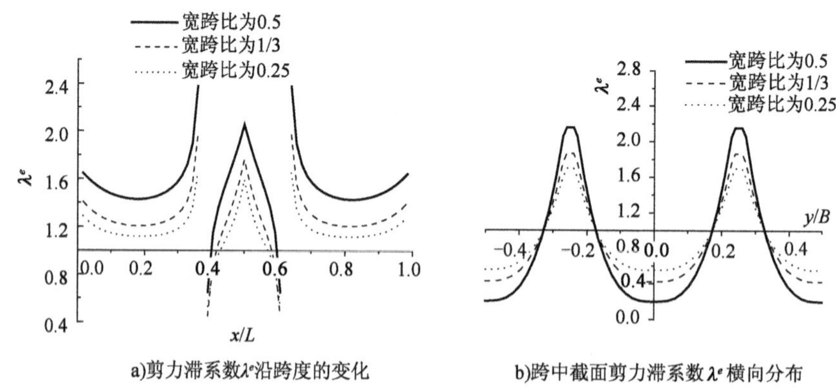

a）剪力滞系数 λ^e 沿跨度的变化　　b）跨中截面剪力滞系数 λ^e 横向分布

图 5-15　不同宽跨比对剪力滞效应的影响

由图 5-15 可以很明显地看出，宽跨比对连续梁剪力滞效应的影响同样非常显著，随着宽跨比的增加剪力滞系数 λ^e 相应增加。图 5-15a）示出了 λ^e 沿跨度的变化规律，在不同的宽跨比下具有相同的变化规律，说明宽跨比对剪力滞效应的影响与截面位置无关，在任何一个截面处均具有相同的规律。但在反弯点附近宽跨比的影响很小，可不予考虑。

4）截面高度

为分析截面高度变化对连续梁剪力滞效应的影响，横截面如图 5-1a）所示，分别取截面高度为 60mm、80mm 和 100mm 进行分析，梁承受均布荷载作用。图 5-16 示出了跨中横截面的上翼板剪力滞分布以及剪力滞系数 λ^e 沿跨度的分布。

从图 5-16 可以看出，截面高度变化对等截面连续梁剪力滞效应的影响与等截面简支梁相似，随着截面高度的增加，广义翼板刚度与截面刚度的比值相应减小，导致剪力滞系数 λ^e 相应减小，变化的幅度小于 10%。因此，增加截面高度可以减小剪力滞效应引起的附加应力。

5）荷载形式

对于荷载形式的影响，分别按均布荷载和集中荷载进行分析。对于集中荷载情况，进一步分析荷载不同作用位置的影响。图 5-17 为跨中横截面的上翼板剪力滞系数分布以及剪力滞系数 λ^e 沿跨度的分布情况。

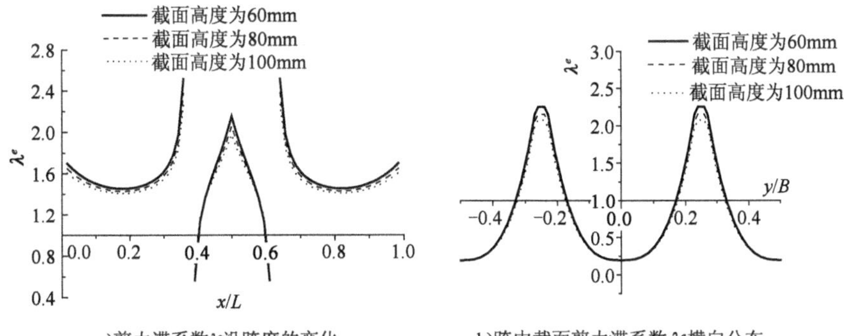

a)剪力滞系数λ^e沿跨度的变化　　b)跨中截面剪力滞系数 λ^e 横向分布

图 5-16　不同截面高度对剪力滞效应的影响

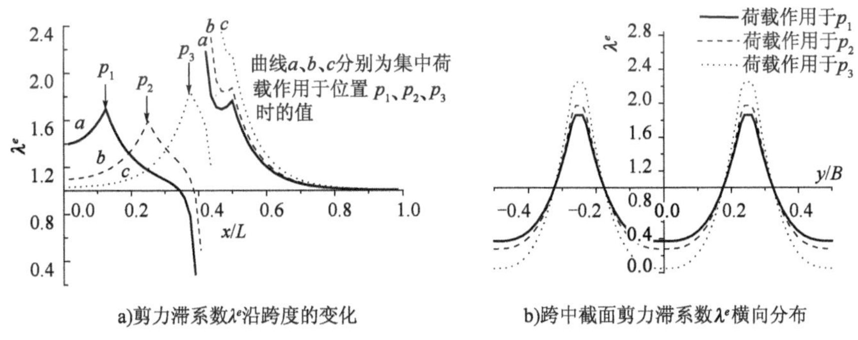

a)剪力滞系数λ^e沿跨度的变化　　b)跨中截面剪力滞系数 λ^e 横向分布

图 5-17　不同荷载形式对剪力滞效应的影响

图 5-17a)没有示出均布荷载作用下剪力滞系数沿跨度的变化曲线，可以参见图 5-13a)所示变化曲线。在均布荷载作用下，由于反弯点的存在导致剪力滞系数沿跨度的变化不连续。在端支座与反弯点之间剪力滞系数呈现两端大而中间小的分布状况，反弯点与内支座间的剪力滞系数呈现逐渐增加的趋势。在集中荷载作用下，剪力滞效应只对局部区域有影响。在集中荷载作用点处剪力滞系数最大，在非荷载作用点处剪力滞系数急剧下降。当该点在任意一跨内移动时，作用点处的剪力滞系数变化规律与均布荷载作用时相似。图 5-17b)示出了集中荷载 p 分别作用于图 5-17a)所示相应位置 p_1、p_2、p_3 时，跨中截面上翼板剪力滞系数分布规律。可以看出，当荷载作用点离跨中截面较远时，集中荷载作用点的变化对该截面剪力滞系数的影响较小。

5.2.2 变截面连续梁

为分析变截面连续梁剪力滞效应参数，采用两等跨连续梁来分析，假定截面高度按抛物线变化，跨中截面和支座处截面如图 5-7 所示，梁的跨度均为 400mm，梁纵向布置如图 5-18 所示。采用本书第 4 章所推倒的有限差分法来计算剪力滞效应，与等截面连续梁一样考虑截面形式、翼板外伸板长度、截面高度、宽跨比、荷载形式等 5 个参数的影响。

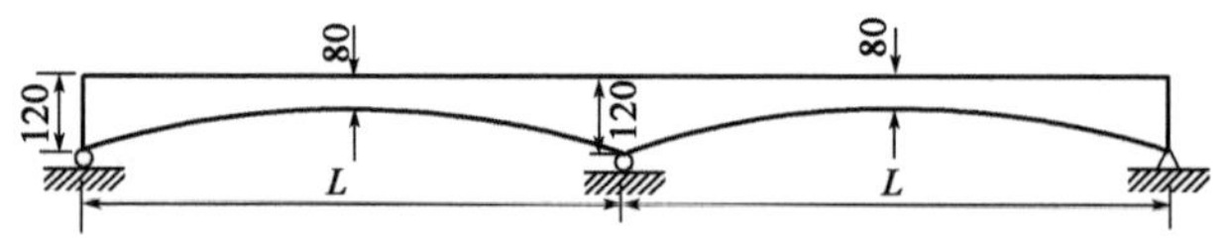

图 5-18 变截面连续梁简图(尺寸单位：mm)

1）截面形式

如图 5-1a）和 b）所示，取该三种截面形式来分析腹板斜度的影响，梁高度变化如图 5-7 所示，其他尺寸不变，梁承受均布荷载作用。图 5-19 中示出了不同截面形式下，跨中横截面的上翼板剪力滞系数分布以及剪力滞系数 λ^e 沿跨度的变化。

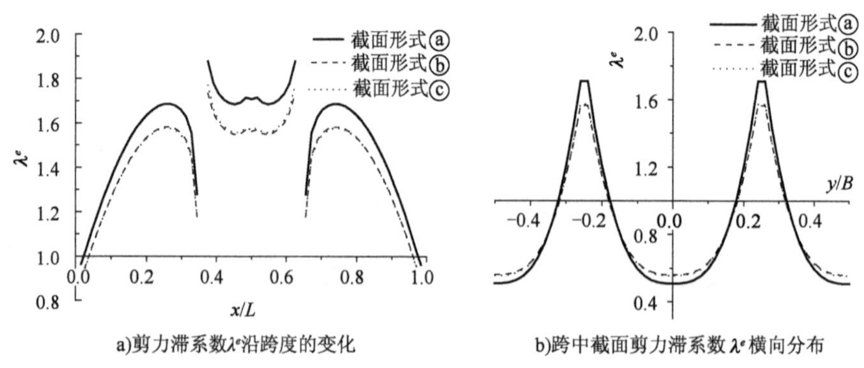

图 5-19 不同截面形式对剪力滞效应的影响

从图 5-19 中可以看出，对于变截面连续梁，当截面由矩形变为梯形截面时，剪力滞系数 λ^e 沿跨度方向均相应地减小。对于梯形截面，虽然随着腹板倾斜角度的变化剪力滞系数 λ^e 也相应地有所变化，但变化的幅度小于 2%，故不同截面形式对变截面连续梁的剪力滞效应影响较明显，但腹板斜度的变化对变截面连续梁剪滞效应的影响很小。

2)翼板外伸板长度

为分析变截面连续梁翼板外伸板长度的影响,横截面如图 5-7a)所示,除翼板外伸板长度外,其他尺寸不变,取翼板外伸板长度分别 112mm、96mm 和 80mm 进行分析,梁承受均布荷载作用。不同翼板外伸板长度下,跨中横截面的上翼板剪力滞系数分布以及剪力滞系数 λ^e 沿跨度的分布如图 5-20 所示。

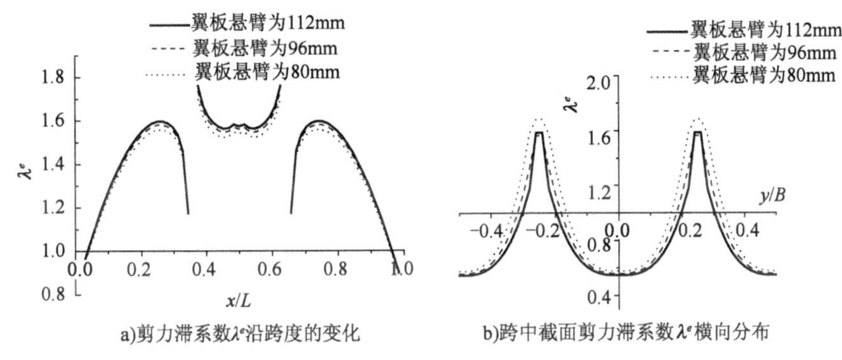

图 5-20　不同翼板外伸板长度对剪力滞效应的影响

从图 5-20 可以看出,随着翼板外伸板长度的增加,变截面连续箱梁剪力滞系数 λ^e 也相应地增加,增加的幅度在 2% 左右,在反弯点和边支座附近增加的幅度更小。因此,可以不考虑翼板外伸板长度变化对变截面连续箱梁剪力滞效应的影响。

3)宽跨比

对于变截面连续梁的任意一跨,宽跨比同样可定义为两腹板间距离 B 与其跨度 L 的比值。为分析宽跨比的影响,横截面如图 5-7a)所示,分别取跨度为 800mm、1200mm 和 1600mm 进行分析,梁承受均布荷载作用。不同宽跨比下跨中横截面的上翼板剪力滞系数分布以及剪力滞系数 λ^e 沿跨度的分布如图 5-21 所示。

由图 5-21 可以很明显地看出,宽跨比对变截面连续梁剪力滞效应的影响非常显著,随着宽跨比的增加剪力滞系数 λ^e 相应增加。图 5-21a)示出了 λ^e 沿跨度的变化规律,在不同的宽跨比下具有相同的变化趋势。在任意横截面处随着宽跨比的增加剪力滞系数 λ^e 相应增加,说明宽跨比对剪力滞效应的影响与截面位置无关,在任何一个截面处均具有相同的规律。在支座和反弯点附近,剪力滞系数随宽跨比变化而变化的幅度减小。

4)截面高度

为分析截面高度变化对变截面连续梁剪力滞效应的影响,横截面如图5-7a)所示,跨中截面高度(80mm)保持不变,分别取根部截面高度为100mm、120mm和160mm进行分析,梁承受均布荷载作用。图5-22示出了跨中横截面的上翼板剪力滞分布以及剪力滞系数λ^e沿跨度的分布。

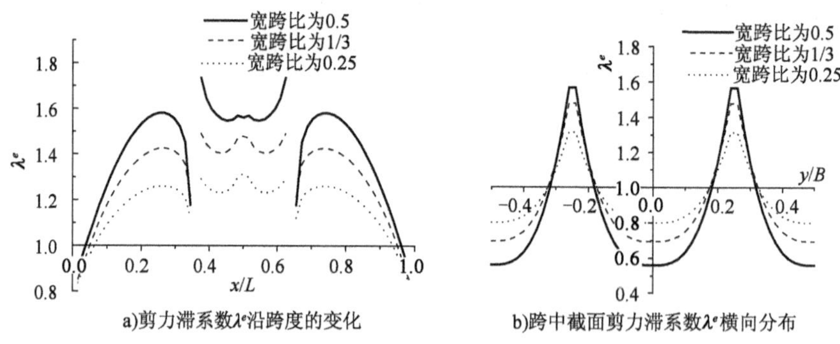

a)剪力滞系数λ^e沿跨度的变化　　b)跨中截面剪力滞系数λ^e横向分布

图5-21　不同宽跨比对剪力滞效应的影响

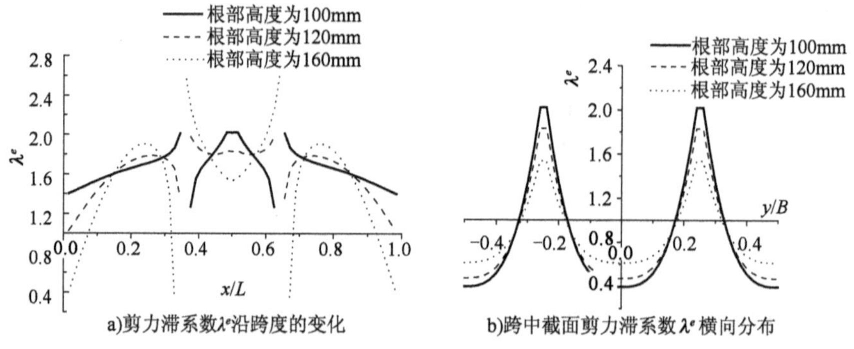

a)剪力滞系数λ^e沿跨度的变化　　b)跨中截面剪力滞系数λ^e横向分布

图5-22　不同截面高度对剪力滞效应的影响

从图5-22中可以看出,截面高度变化对变截面连续梁剪力滞效应具有一定的影响。在支座一定范围内,随着根部截面高度的增加,剪力滞系数λ^e相应减小,而在反弯点附近一定范围内,剪力滞系数λ^e却随着截面高度的增加有两种变化趋势,靠边跨一侧与支座处相同,而靠内支座一侧与支座处相反。由图5-22a)可以看出,截面高度变化对变截面连续梁剪力滞系数λ^e的影响与其对变截面简支梁的影响规律相似。

5)荷载形式

对于荷载形式的影响,分别按均布荷载和集中荷载进行分析。对于集中荷载情况,进一步分析荷载不同作用位置的影响。图5-23示出了跨中横截面的上翼板剪力滞系数分布以及剪力滞系数 λ^e 沿跨度的分布情况。

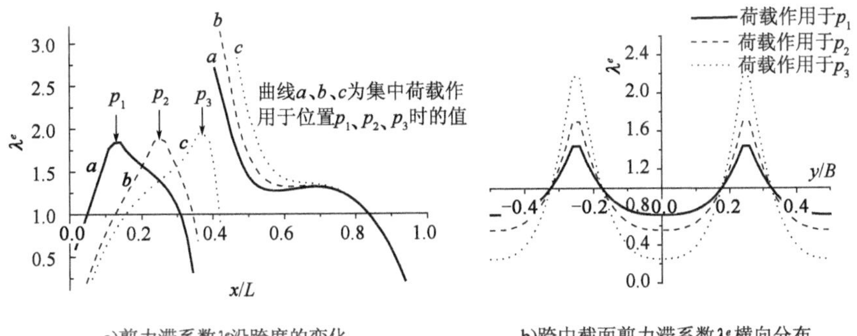

图 5-23　不同荷载形式对剪力滞效应的影响

图 5-23a)没有示出均布荷载作用下剪力滞系数沿跨度的变化曲线，可参见图 5-20a)所示的曲线。在端支座与反弯点之间，剪力滞系数呈现两端小中间大的分布状态，在反弯点与内支座之间剪力滞系数逐渐减小。在集中荷载作用下，剪力滞效应只对局部区域有影响。在集中荷载作用点处剪力滞系数最大，并且越靠近跨中该值越大，但增加的幅度不大，在非荷载作用点处剪力滞系数急剧下降。图 5-23b)示出了集中荷载 p 分别作用于图 5-23a)所示效应位置 p_1、p_2、p_3 时，跨中截面上翼板剪力滞系数分布规律。可以看出，当荷载作用点离跨中截面较远时，移动荷载作用点位置的变化，对内支座截面剪力滞系数仍具有一定的影响。

从上述分析结果可以看出，宽跨比对箱梁截面的剪力滞效应影响最显著，随着宽跨比的增加剪力滞系数 λ^e 相应增加。为进一步分析宽跨比与剪力滞系数 λ^e 之间的关系，在图 5-24 和图 5-25 中示出了在均布荷载和跨中集中荷载作用下两者之间的关系曲线。

由上述两图可以看出，剪力滞系数 λ^e 随宽跨比增加而增加，两者之间几乎呈线性关系，尤其是简支梁在跨中作用集中荷载的情况。在相同荷载作用下，变截面简支梁跨中截面剪力滞系数 λ^e 一般要大于等截面简支梁的相应值；然而，在相同荷载作用下，变截面连续梁内支座截面的剪力滞系数要小于等截面连续梁的相应值。

箱梁或其他形式截面混凝土梁，其截面应力在荷载作用下其实际分布受到的影响因素很多，根据实测应力计算得到的截面剪力滞系数与理论计算值之间有一定偏差。

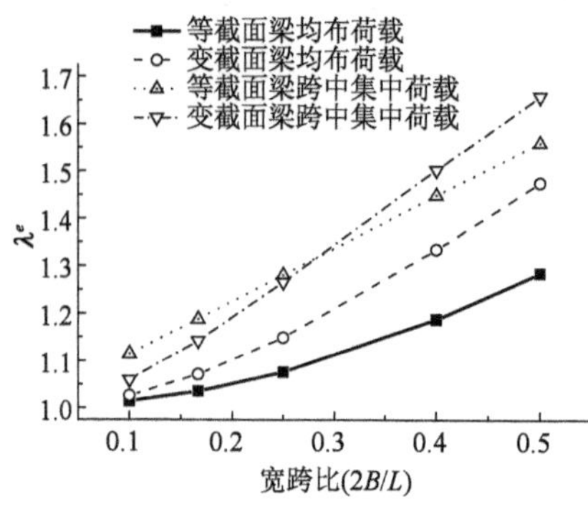

图 5-24 简支梁跨中截面 λ^e 与宽跨比的关系

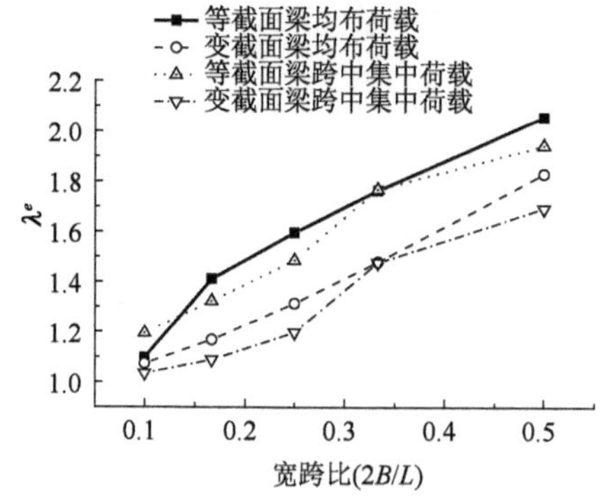

图 5-25 连续梁内支座截面 λ^e 与宽跨比的关系

5.3 本章小结

针对简支梁和连续梁,本章就影响其剪力滞效应的主要参数进行了详细的分析,通过上述分析结果得到以下结论。

①除变截面连续梁外,梁横截面腹板倾斜度对箱梁剪力滞效应的影响较小,可以用矩形截面来近似梯形截面进行剪力滞效应分析。相比较而言,腹板倾斜度对变截面梁剪滞效应的影响要大于对等截面梁的影响。对于变截面连续梁,采用梯形截面时,荷载作用下内支座截面的剪力滞系数 λ^e 小于采用矩形截面时的值。

②无论翼板外伸板长度大于还是小于两腹板间翼板宽度的一半,剪力滞系数 λ^e 均相应地增加,广义翼板刚度与截面刚度比值增加是产生这种变化的主要原因。外伸板长度大于两腹板间翼板宽度的一半时,剪力滞系数 λ^e 增加的幅度大于外伸板长度小于两腹板间翼板宽度一半时的值。当采用梯形截面时,增加的幅度均小于 5%。

③宽跨比对箱梁剪力滞效应的影响很大,由图 5-24 和图 5-25 可以看出,剪力滞系数 λ^e 随宽跨比的增加而增加,两者之间接近线性变化。

④截面高度变化对箱梁剪力滞效应具有一定的影响,随着截面高度增加,剪力滞系数 λ^e 相应地减小。对于等截面箱梁,沿梁跨方向均有此变化规律。对于变截面箱梁而言,当保持跨中截面高度不变,变化根部截面高度时,跨中截面一定范围内剪力滞系数 λ^e 随着根部截面高度的增加而增加,根部截面一定范围内

剪力滞系数 λ^e 相应地减小。当保持根部截面高度不变,改变跨中截面高度时,同样可以得到相同的结论。

⑤集中荷载作用下箱梁剪力滞系数要大于均布荷载作用下的值。变截面梁在移动集中荷载作用下,作用点处的剪力滞系数 λ^e 变化较小。而等截面在移动集中荷载作用下,作用点处的剪力滞系数 λ^e 会出现与均布荷载作用下相似的分布规律,即越靠近支座或反弯点值越大,如图 5-6 所示。

第 6 章　斜拉桥箱形主梁剪力滞效应分析

斜拉桥是一种桥面体系以加劲梁受压(密索)或受弯(稀索)为主、支承体系以斜索受拉及桥塔受压为主的桥梁。近几十年来,稀索体系逐渐都变为密索体系,主梁内力也以轴力为主。本章利用能量变分法求解斜拉桥单室箱形主梁的剪力滞效应,斜拉桥在荷载作用下承受弯矩与轴力的共同作用。根据小变形理论与叠加原理,将弯矩与轴力分开处理,然后将两者算出的应力进行叠加,得到总应力。将总应力除以按初等梁理论算出的应力,即得到斜拉桥箱梁任意截面的剪力滞系数。斜拉桥主梁截面多以等截面为主,本章所分析的内容限于等截面单室箱形主梁。

6.1　轴向力作用下斜拉桥剪力滞效应

6.1.1　基本假定

梯形箱梁的各部分尺寸表示符号以及坐标系均如图 6-1 所示。其中以 1/2 腹板间距作为宽度 b,悬臂长度为 $\xi_1 b$,底板半宽为 $\xi_2 b$。上翼板厚为 t_1,悬臂板厚为 t_2,底板厚为 t_b,腹板厚为 t_w,梁高为 h,截面形心轴到上下翼板的距离分别为 h_1 和 h_2,h_u 和 h_b 分别为截面形心轴到上下翼板与腹板相交处的距离。

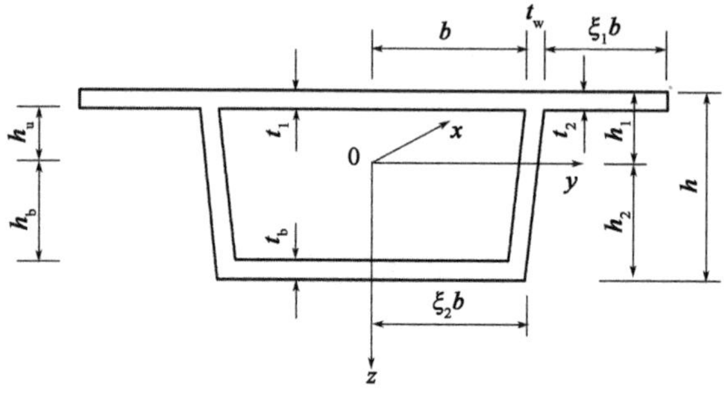

图 6-1　截面示意图

为分析仅轴力作用下的剪力滞效应，在此引入三个广义位移函数 $\mu_1(x)$、$\mu_2(x)$ 和 $\mu_3(x)$，它们分别表示腹板最大纵向位移差函数，翼板中面的最大纵向位移差函数以及形心轴处轴向力作用位置位移。在轴向力作用下，假定箱梁满足如下条件。

（1）轴力作用下翼板和腹板的纵、横向位移模式分别为：

①腹板纵向位移按线性分布。

$$\mu_w(x,z) = \mu_3(x) - |z|\mu_1(x) \qquad (-h_1 \leqslant z \leqslant h_2) \tag{6-1}$$

②上翼板纵向位移在横向按二次抛物线分布。

$$\mu_f^u(x,y) = \mu_3(x) - h_u\mu_1(x) - \left[1 - \frac{y^2}{(\xi_i b)^2}\right]\mu_2(x) \tag{6-2}$$

其中，$\xi_i = 1$ 时，表示翼板位移模式；$\xi_i = \xi_1$ 时，表示悬臂板的位移模式。

③下翼板（底板）按二次抛物线分布。

$$\mu_f^b(x,y) = \mu_3(x) - h_b\mu_1(x) - \left[1 - \frac{y^2}{(\xi_2 b)^2}\right]\mu_2(x) \tag{6-3}$$

上述式（6-1）~式（6-3）中的符号含义见前面相应说明，其中 z、y 代表图示坐标系下的相应坐标值。

（2）板的横向弯曲变形可以忽略不计。

（3）对翼板略去 ε_z、ε_y、γ_{xz}、γ_{yz} 的影响，对腹板略去 ε_y、ε_z、γ_{xy}、γ_{yz} 的影响。

6.1.2　基本微分方程

根据最小势能原理，在外力作用下处于稳定平衡状态的弹性体，在满足边界条件的所有位移中，存在着一组可能的位移，该位移使得整个体系的总势能为最小，即体系总势能的一阶变分应该为零。

$$\delta\Pi = \delta(\overline{U} + \overline{V}) = 0 \tag{6-4}$$

式中：$\overline{U}$ ——体系的形变势能；

$\overline{V}$ ——体系的荷载势能。

下面分别计算体系的各项势能。

1）外力作用时体系的荷载势能

因为只考虑轴向力的作用，且假定轴力已简化到截面形心处，故体系的荷载势能为：

$$\overline{V} = -\int_0^l N(x)\mu'_3(x)\,\mathrm{d}x \tag{6-5}$$

式中：$N(x)$——截面形心轴处的轴力；

l——轴力分布区间的长度；

$\mu_3(x)$——截面形心处轴力作用位置的位移函数。

2）外力作用下体系的形变势能

上翼板（包括悬臂板）：

$$\overline{U}_{\mathrm{fu}}=2\left[\frac{1}{2}\int_0^l\int_0^b t_1(E\varepsilon_{x1}^2+G\gamma_1^2)\mathrm{d}x\mathrm{d}y+\frac{1}{2}\int_0^l\int_0^{\xi_1 b}t_2(E\varepsilon_{x2}^2+G\gamma_2^2)\mathrm{d}x\mathrm{d}y\right] \tag{6-6}$$

腹板：

$$\overline{U}_{\mathrm{w}}=2\left[\frac{1}{2}\int_0^l\int_0^{h_1}t_{\mathrm{w}}(E\varepsilon_{x\mathrm{w}}^2+G\gamma_{\mathrm{w}}^2)\mathrm{d}x\mathrm{d}z+\frac{1}{2}\int_0^l\int_0^{h_2}t_{\mathrm{w}}(E\varepsilon_{x\mathrm{w}}^2+G\gamma_{\mathrm{w}}^2)\mathrm{d}x\mathrm{d}z\right] \tag{6-7}$$

下翼板：

$$\overline{U}_{\mathrm{fb}}=2\left[\frac{1}{2}\int_0^l\int_0^{\xi_2 b}t_{\mathrm{b}}(E\varepsilon_{x\mathrm{b}}^2+G\gamma_{\mathrm{b}}^2)\mathrm{d}x\mathrm{d}y\right] \tag{6-8}$$

上述式中：

$$\left.\begin{aligned}\varepsilon_{xi}&=\frac{\partial\mu_{\mathrm{f}}^{\mathrm{u}}(x,y)}{\partial x}\quad(i=1,2)\\ \gamma_i&=\frac{\partial\mu_{\mathrm{f}}^{\mathrm{u}}(x,y)}{\partial y}\quad(i=1,2)\end{aligned}\right\} \tag{6-9}$$

$$\left.\begin{aligned}\varepsilon_{x\mathrm{w}}&=\frac{\partial\mu_{\mathrm{w}}(x,z)}{\partial x}\\ \gamma_{\mathrm{w}}&=\frac{\partial\mu_{\mathrm{w}}(x,z)}{\partial z}\end{aligned}\right\} \tag{6-10}$$

$$\left.\begin{aligned}\varepsilon_{x\mathrm{b}}&=\frac{\partial\mu_{\mathrm{f}}^{\mathrm{b}}(x,y)}{\partial x}\\ \gamma_{\mathrm{b}}&=\frac{\partial\mu_{\mathrm{f}}^{\mathrm{b}}(x,y)}{\partial y}\end{aligned}\right\} \tag{6-11}$$

式中：E——材料的弹性模量；

G——材料的剪切模量；

其余的符号含义同前。

由式（6-5）~式（6-8）得到体系的总势能为：

$$\Pi = \overline{U}_{\mathrm{fu}} + \overline{U}_{\mathrm{w}} + \overline{U}_{\mathrm{fb}} + \overline{V} \tag{6-12}$$

根据式(6-4)体系势能一阶变分为零，由式(6-12)得到仅轴力作用时，体系在平衡稳定状态下势能变分表达式为：

$$\delta\Pi = \delta\overline{U}_{\mathrm{fu}} + \delta\overline{U}_{\mathrm{w}} + \delta\overline{U}_{\mathrm{fb}} + \delta\overline{V} = 0 \tag{6-13}$$

将截面各部分位移函数式(6-1)～式(6-3)代入式(6-9)～式(6-11)中得到各部分应变为：

$$\left.\begin{aligned}
\varepsilon_{x1} &= \mu'_3 - h_{\mathrm{u}}\mu'_1 - \left(1 - \frac{y^2}{b^2}\right)\mu'_2 \\
\gamma_1 &= \frac{2y}{b^2}\mu_2 \\
\varepsilon_{x2} &= \mu'_3 - h_{\mathrm{u}}\mu'_1 - \left[1 - \frac{y^2}{(\xi_1 b)^2}\right]\mu'_2 \\
\gamma_2 &= \frac{2y}{(\xi_1 b)^2}\mu_2
\end{aligned}\right\} \tag{6-14}$$

$$\left.\begin{aligned}
\varepsilon_{x\mathrm{w}} &= \mu'_3 - |z|\mu'_1 \quad (-h_1 \leqslant z \leqslant h_2) \\
\gamma_{\mathrm{w}} &= \pm\mu_1
\end{aligned}\right\} \tag{6-15}$$

$$\left.\begin{aligned}
\varepsilon_{x\mathrm{b}} &= \mu'_3 - h_b\mu'_1 - \left[1 - \frac{y^2}{(\xi_2 b)^2}\right]\mu'_2 \\
\gamma_{\mathrm{b}} &= \frac{2y}{(\xi_2 b)^2}\mu_2
\end{aligned}\right\} \tag{6-16}$$

上述式中 μ'_3 表示对位移函数 $\mu_3(x,y)$ 的一阶导数，其余的位移函数也采用同样的简写形式。

将式(6-14)～式(6-16)代入形变势能表达式(6-7)～式(6-8)，经积分简化后得到：

$$\begin{aligned}
\overline{U}_{\mathrm{fu}} = &\int_0^l \left[Et_1 b\left(\mu'^2_3 + h_{\mathrm{u}}^2\mu'^2_1 + \frac{8}{15}\mu'^2_2 - 2h_{\mathrm{u}}\mu'_3\mu'_1 - \frac{4}{3}\mu'_3\mu'_2 + \frac{4}{3}h_{\mathrm{u}}\mu'_1\mu'_2\right) + \frac{4}{3b}Gt_1\mu_2^2\right]\mathrm{d}x + \\
&\int_0^l \left[Et_2\xi_1 b\left(\mu'^2_3 + h_{\mathrm{u}}^2\mu'^2_1 + \frac{8}{15}\mu'^2_2 - 2h_{\mathrm{u}}\mu'_3\mu'_1 - \frac{4}{3}\mu'_3\mu'_2 + \frac{4}{3}h_{\mathrm{u}}\mu'_1\mu'_2\right) + \right. \\
&\left.\frac{4}{3\xi_1 b}Gt_2\mu_2^2\right]\mathrm{d}x
\end{aligned} \tag{6-17}$$

$$\overline{U}_{\mathrm{w}} = \int_0^l \left[Et_{\mathrm{w}}\left(h_1\mu'^{\,2}_3 - h_1^2\mu'_3\mu'_1 + \frac{h_1^3}{3}\mu'^2_1\right) + Gt_{\mathrm{w}}\mu_1^2 h_1\right]\mathrm{d}x + \int_0^l \left[Et_{\mathrm{w}}\left(h_2\mu'^{\,2}_3 - h_2^2\mu'^{\,2}_3\mu'_1 + \frac{h_2^3}{3}\mu'^2_1\right) + Gt_{\mathrm{w}}\mu_1^2 h_2\right]\mathrm{d}x \tag{6-18}$$

$$\overline{U}_{\mathrm{fb}} = \int_0^l \left[Et_{\mathrm{b}}\xi_2 b\left(\mu'^{\,2}_3 + h_{\mathrm{b}}^2\mu'^2_1 + \frac{8}{15}\mu'^2_2 - 2h_{\mathrm{b}}\mu'_3\mu'_1 - \frac{4}{3}\mu'_3\mu'_2 + \frac{4}{3}h_{\mathrm{b}}\mu'_1\mu'_2\right) + \frac{4}{3\xi_2 b}Gt_{\mathrm{b}}\mu_2^2\right]\mathrm{d}x \tag{6-19}$$

将式(6-17)~式(6-19)代入式(6-13)中相应的变分项得到下式：

$$\begin{aligned}\delta\overline{U}_{\mathrm{fu}} = &\int_0^l \Big[Et_1 b\Big(2\mu'_3\delta\mu'_3 + 2h_{\mathrm{u}}^2\mu'_1\delta\mu'_1 + \frac{16}{15}\mu'_2\delta\mu'_2 - 2h_{\mathrm{u}}\mu'_3\delta\mu'_1 - 2h_{\mathrm{u}}\mu'_1\delta\mu'_3 - \\ &\frac{4}{3}\mu'_3\delta\mu'_2 - \frac{4}{3}\mu'_2\delta\mu'_3 + \frac{4}{3}h_{\mathrm{u}}\mu'_1\delta\mu'_2 + \frac{4}{3}h_{\mathrm{u}}\mu'_2\delta\mu'_1\Big) + \frac{8}{3b}Gt_1\mu_2\delta\mu_2\Big]\mathrm{d}x + \\ &\int_0^l \Big[Et_2\xi_1 b\Big(2\mu'_3\delta\mu'_3 + 2h_{\mathrm{u}}^2\mu'_1\delta\mu'_1 + \frac{16}{15}\mu'_2\delta\mu'_2 - 2h_{\mathrm{u}}\mu'_3\delta\mu'_1 - 2h_{\mathrm{u}}\mu'_1\delta\mu'_3 - \\ &\frac{4}{3}\mu'_3\delta\mu'_2 - \frac{4}{3}\mu'_2\delta\mu'_3 + \frac{4}{3}h_{\mathrm{u}}\mu'_1\delta\mu'_2 + \frac{4}{3}h_{\mathrm{u}}\mu'_2\delta\mu'_1\Big) + \frac{8}{3\xi_1 b}Gt_2\mu_2\delta\mu_2\Big]\mathrm{d}x\end{aligned} \tag{6-20}$$

$$\begin{aligned}\delta\overline{U}_{\mathrm{w}} = &\int_0^l \Big[Et_{\mathrm{w}}\Big(2h_1\mu'_3\delta\mu'_3 - h_1^2\mu'_3\delta\mu'_1 - h_1^2\mu'_1\delta\mu'_3 + \frac{2h_1^3}{3}\mu'_1\delta\mu'_1\Big) + 2h_1 Gt_{\mathrm{w}}\mu_1\delta\mu_1\Big]\mathrm{d}x + \\ &\int_0^l \Big[Et_{\mathrm{w}}\Big(2h_2\mu'_3\delta\mu'_3 - h_2^2\mu'_3\delta\mu'_1 - h_2^2\mu_1\delta\mu'_3 + \frac{2h_2^3}{3}\mu'_1\delta\mu'_1\Big) + 2h_2 Gt_{\mathrm{w}}\mu_1\delta\mu_1\Big]\mathrm{d}x\end{aligned} \tag{6-21}$$

$$\begin{aligned}\delta\overline{U}_{\mathrm{fb}} = &\int_0^l \Big[Et_{\mathrm{b}}\xi_2 b\Big(2\mu'_3\delta\mu'_3 + 2h_{\mathrm{b}}^2\mu'_1\delta\mu'_1 + \frac{16}{15}\mu'_2\delta\mu'_2 - 2h_{\mathrm{b}}\mu'_3\delta\mu'_1 - 2h_{\mathrm{b}}\mu'_1\delta\mu'_3 - \\ &\frac{4}{3}\mu'_3\delta\mu'_2 - \frac{4}{3}\mu'_2\delta\mu'_3 + \frac{4}{3}h_{\mathrm{b}}\mu'_1\delta\mu'_2 + \frac{4}{3}h_{\mathrm{b}}\mu'_2\delta\mu'_1\Big) + \frac{8}{3\xi_2 b}Gt_{\mathrm{b}}\mu_2\delta\mu_2\Big]\mathrm{d}x\end{aligned} \tag{6-22}$$

$$\delta\overline{V} = -\int_0^l N(x)\delta\mu'_3\,\mathrm{d}x \tag{6-23}$$

将上述变分式(6-20)~式(6-23)代入式(6-13)，经整理简化后得到体系总势能变分方程为：

$$\delta\Pi = \int_0^l \left\{ 2E\left[(bt_1 + \xi_1 bt_2 + \xi_2 bt_b + h_1 t_w + h_2 t_w)\mu'_3 - 2\left(bt_1 h_u + \xi_1 bt_2 h_u + \xi_2 bt_b h_b + \frac{h_1^2 t_w}{2} + \frac{h_2^2 t_w}{2} \right)\mu'_1 - \frac{4}{3}(bt_1 + \xi_1 bt_2 + \xi_2 bt_b)\mu'_2 \right] - N(x) \right\}\delta\mu'_3 \mathrm{d}x + \int_0^l 2E\left[\left(bt_1 h_u^2 + \xi_1 bt_2 h_u^2 + \xi_2 bt_b h_b^2 + \frac{h_1^3 t_w}{3} + \frac{h_2^3 t_w}{3} \right)\mu'_1 - 2\left(bt_1 h_u + \xi_1 bt_2 h_u + \xi_2 bt_b h_b + \frac{h_1^2 t_w}{2} + \frac{h_2^2 t_w}{2} \right)\mu'_3 + \frac{4}{3}(bt_1 h_u + \xi_1 bt_2 h_u + \xi_2 bt_b h_b)\mu'_2 \right]\delta\mu'_1 \mathrm{d}x + \int_0^l E\left[\frac{16}{15}(bt_1 + \xi_1 bt_2 + \xi_2 bt_b)\mu'_2 - \frac{4}{3}(bt_1 + \xi_1 bt_2 + \xi_2 bt_b) + \frac{4}{3}(bt_1 h_u + \xi_1 bt_2 h_u + \xi_2 bt_b h_b)\mu'_1 \right]\delta\mu'_2 \mathrm{d}x + \int_0^l \frac{8}{3b} G\left(t_1 + \frac{t_2}{\xi_1} + \frac{t_b}{\xi_2} \right)\mu_2 \delta\mu_2 \mathrm{d}x + \int_0^l 2G t_w h \mu_1 \delta\mu_1 \mathrm{d}x = 0 \tag{6-24}$$

为进一步简化上式,分别定义下列常数:

$A = 2(bt_1 + \xi_1 bt_2 + \xi_2 bt_b + h_1 t_w + h_2 t_w)$;

$B_1 = 2(bt_1 h_u + \xi_1 bt_2 h_u + \xi_2 bt_b h_b + \frac{h_1^2 t_w}{2} + \frac{h_2^2 t_w}{2})$;

$B_2 = \frac{4}{3}(bt_1 + \xi_1 bt_2 + \xi_2 bt_b)$;

$B_3 = 2(bt_1 h_u^2 + \xi_1 bt_2 h_u^{24} + \xi_2 bt_b h_b^2 + \frac{h_1^3 t_w}{3} + \frac{h_2^3 t_w}{3})$;

$B_4 = \frac{4}{3}(bt_1 h_u + \xi_1 bt_2 h_u + \xi_2 bt_b h_b)$;

$B_5 = \frac{8}{3b^2}(bt_1 + \frac{bt_2}{\xi_1} + \frac{bt_b}{\xi_2})$;$B_6 = 2t_w h$。

于是式(6-24)简化为:

$$\delta\Pi = \int_0^l (EA\mu'_3 - EB_1\mu'_1 - EB_2\mu'_2 - N)\delta\bar{\omega}''_3 \mathrm{d}x + \int_0^l E(B_3\mu'_1 - B_1\mu'_3 + B_4\mu'_2)\delta\mu'_1 \mathrm{d}x + \int_0^l E(\frac{4}{5}B_2\mu'_2 - B_2\mu'_3 + B_4\mu'_1)\delta\mu'_2 \mathrm{d}x + \int_0^l GB_5\mu_2\delta\mu_2 \mathrm{d}x + \int_0^l GB_6\mu_1\delta\mu_1 \mathrm{d}x = 0 \tag{6-25}$$

对式(6-25)中第2、3项进行分部积分,合并同类项整理后得到:

$$\delta\Pi = \int_0^l (EA\mu'_3 - EB_1\mu'_1 - EB_2\mu'_2 - N)\delta\mu'_3 \mathrm{d}x + E(B_3\mu'_1 - B_1\mu'_3 + B_4\mu'_2)\delta\mu_1 \big|_0^l - \int_0^l E\left(B_3\mu''_1 - B_1\mu''_3 + B_4\mu''_2 - \frac{G}{E}B_6\mu_1\right)\delta\mu_1 \mathrm{d}x + E\left(\frac{4}{5}B_2\mu'_2 - B_2\mu'_3 + B_4\mu'_1\right)\delta\mu_2 \big|_0^l - \int_0^l E\left(\frac{4}{5}B_2\mu''_2 - B_2\mu''_3 + B_4\mu''_1 - \frac{G}{E}B_5\mu_2\right)\delta\mu_2 \mathrm{d}x = 0 \tag{6-26}$$

由位移函数变分的任意性，由式(6-26)得到如下一组微分方程和边界条件：

$$\left.\begin{aligned}
&EA\mu'_3 - EB_1\mu'_1 - EB_2\mu'_2 - N(x) = 0\\
&EB_3\mu''_1 - EB_1\mu''_3 + EB_4\mu''_2 - GB_6\mu_1 = 0\\
&\frac{4}{5}EB_2\mu''_2 - EB_2\mu''_3 + EB_4\mu''_1 - GB_5\mu_2 = 0\\
&(EB_3\mu'_1 - EB_1\mu'_3 + EB_4\mu'_2)\delta\mu_1 \Big|_0^l = 0\\
&\left(\frac{4}{5}EB_2\mu'_2 - EB_2\mu'_3 + EB_4\mu'_1\right)\delta\mu_2 \Big|_0^l = 0
\end{aligned}\right\} \tag{6-27}$$

式(6-27)中后面两式为变分所要求的边界条件，式中所有的符号含义见前面相应的说明和定义。

6.1.3 求解微分方程

式(6-27)中前三个方程为二阶线性微分方程组，下面将利用算子解法求解方程。算子符号 $\boldsymbol{D}$ 表示对变量的一阶微分，$\boldsymbol{D}^2$ 表示对变量的二阶微分，依次类推。引入 $\boldsymbol{D}$ 算子符号后式(6-27)简化为关于变量 μ_1、μ_2 和 μ_3 的一般方程组。

$$\left.\begin{aligned}
&EAD\mu_3 - EB_1D\mu_1 - EB_2D\mu_2 - N(x) = 0\\
&(EB_3D^2 - GB_6)\mu_1 - EB_1D^2\mu_3 + EB_4D^2\mu_2 = 0\\
&(4EB_2D^2/5 - GB_5)\mu_2 - EB_2D^2\mu_3 + EB_4D^2\mu_1 = 0\\
&(EB_3D\mu_1 - EB_1D\mu_3 + EB_4D\mu_2)\delta\mu_1 \big|_0^l = 0\\
&(4EB_2D\mu_2/5 - EB_2D\mu_3 + EB_4D\mu_1) \big|_0^l = 0
\end{aligned}\right\} \tag{6-28}$$

将式(6-28)中第1式与其余2～5式组合消去变量μ_3得到：

$$\left.\begin{aligned}&[(EAB_3-EB_1^2)D^2-GAB_6]\mu_1+(EAB_4-EB_1B_2)D^2\mu_2-B_1DN(x)=0\\&(EAB_4-EB_1B_2)D^2\mu_1+[(4EAB_2/5-EB_2^2)D^2-GAB_5]\mu_2-B_2DN(x)=0\\&[(EAB_3-EB_1^2)D\mu_1+(EAB_4-EB_1B_2)D\mu_2-B_1N(x)]\delta\mu_1|_0^l=0\\&[(EAB_4-EB_1B_2)D\mu_1+(4EAB_2/5-EB_2^2)D\mu_2-B_2N(x)]\delta\mu_2|_0^l=0\end{aligned}\right\}\tag{6-29}$$

为进一步简化上式，分别定义下列常数：

$Z_1=EAB_3-EB_1^2$；$Z_2=GAB_6$；$Z_3=EAB_4-EB_1B_2$；$Z_4=\frac{4}{5}EAB_2-EB_2^2$；$Z_5=GAB_5$。

则式(6-29)简化为：

$$\left.\begin{aligned}&(Z_1D^2-Z_2)\mu_1+Z_3D^2\mu_2-B_1DN(x)=0\\&Z_3D^2\mu_1+(Z_4D^2-Z_5)\mu_2-B_2DN(x)=0\\&[Z_1D\mu_1+Z_3D\mu_2-B_1N(x)]\delta\mu_1|_0^l=0\\&[Z_3D\mu_1+Z_4D\mu_2-B_2N(x)]\delta\mu_2|_0^l=0\end{aligned}\right\}\tag{6-30}$$

式(6-30)中第1、2式联立后可求出方程的解，按两种轴力分布情况求解上述方程。

①当轴向力$N(x)$沿梁长度方向为一常数时，由式(6-30)第1、2式可得：

$$[(Z_1Z_4-Z_3^2)D^4-(Z_1Z_5+Z_2Z_4)D^2+Z_2Z_5]\mu_1=0\tag{6-31}$$

式(6-31)是一个关于变量μ_1的四阶常系数齐次微分方程，方程的解为：

$\mu_1(x)=F_1\text{sh}\phi_1x+F_2\text{ch}\phi_1x+F_3\text{sh}\phi_2x+F_4\text{ch}\phi_2x$

其中，$R_1=Z_1Z_4-Z_3^2$；$R_2=Z_1Z_5+Z_2Z_4$；$R_3=Z_2Z_5$；

$\phi_1=\sqrt{\frac{R_2}{2R_1}+\sqrt{\left(\frac{R_2}{2R_1}\right)^2-\frac{R_3}{R_1}}}$；$\phi_2=\sqrt{\frac{R_2}{2R_1}-\sqrt{\left(\frac{R_2}{2R_1}\right)^2-\frac{R_3}{R_1}}}$。

求出$\mu_1(x)$后，由式(6-30)第1式得：

$$\mu_2(x)=\frac{Z_2\mu_1(x)}{Z_3D^2}-\frac{Z_1}{Z_3}\mu_1(x)\tag{6-32}$$

上式由逆运算可得到方程的解为：

$$\mu_2(x) = S_1(F_1\text{sh}\phi_1 x + F_2\text{ch}\phi_1 x) + S_2(F_3\text{sh}\phi_2 x + F_4\text{ch}\phi_2 x)$$

式中，$S_1 = \dfrac{Z_2 - Z_1\phi_1^2}{Z_3\phi_1^2}$；$S_2 = \dfrac{Z_2 - Z_1\phi_2^2}{Z_3\phi_2^2}$。

将 $\mu_1(x)$ 和 $\mu_2(x)$ 代入式(6-28)中第 1 式得到 $\mu_3(x)$ 的解为：

$$\mu_3(x) = \frac{B_1 + S_1B_2}{A}(F_1\text{sh}\phi_1 x + F_2\text{ch}\phi_1 x) + \frac{B_1 + S_2B_2}{A}(F_3\text{sh}\phi_2 x + F_4\text{ch}\phi_2 x) + \frac{N}{EA}x$$

令 $Q_1 = \dfrac{B_1 + S_1B_2}{A}$，$Q_2 = \dfrac{B_1 + S_2B_2}{A}$，则式(6-28)的解为：

$$\left.\begin{aligned}
\mu_1(x) &= F_1\text{sh}\phi_1 x + F_2\text{ch}\phi_1 x + F_3\text{sh}\phi_2 x + F_4\text{ch}\phi_2 x \\
\mu_2(x) &= S_1(F_1\text{sh}\phi_1 x + F_2\text{ch}\phi_1 x) + S_2(F_3\text{sh}\phi_2 x + F_4\text{ch}\phi_2 x) \\
\mu_3(x) &= Q_1(F_1\text{sh}\phi_1 x + F_2\text{ch}\phi_1 x) + Q_2(F_3\text{sh}\phi_2 x + F_4\text{ch}\phi_2 x)
\end{aligned}\right\} \tag{6-33}$$

②当轴向力沿跨度方向线性变化时，式(6-31)变为：

$$[(Z_1Z_4 - Z_3^2)D^4 - (Z_1Z_5 + Z_2Z_4)D^2 + Z_2Z_5]\mu_1 + Z_5B_1N'(x) = 0 \tag{6-34}$$

上述微分方程只需在式(6-31)解的基础上加一个特解即可，故该微分方程的解为：

$$\mu_1(x) = F_1\text{sh}\phi_1 x + F_2\text{ch}\phi_1 x + F_3\text{sh}\phi_2 x + F_4\text{ch}\phi_2 x - \frac{Z_5B_1N'(x)}{R_3}$$

同理可以求得 $\mu_2(x)$ 的解，由式(6-28)中第 1 式可求出 $\mu_3(x)$，因此，轴力按线性变化时方程的解为：

$$\left.\begin{aligned}
\mu_1(x) &= F_1\text{sh}\phi_1 x + F_2\text{ch}\phi_1 x + F_3\text{sh}\phi_2 x + F_4\text{ch}\phi_2 x - Z_5B_1N'(x)/R_3 \\
\mu_2(x) &= S_1(F_1\text{sh}\phi_1 x + F_2\text{ch}\phi_1 x) + S_2(F_3\text{sh}\phi_2 x + F_4\text{ch}\phi_2 x) - Z_2B_2N'(x)/R_3 \\
\mu_3(x) &= Q_1(F_1\text{sh}\phi_1 x + F_2\text{ch}\phi_1 x) + Q_2(F_3\text{sh}\phi_2 x + F_4\text{ch}\phi_2 x) + \int N(x)\text{d}x/EA
\end{aligned}\right\} \tag{6-35}$$

式中的符号定义同式(6-33)。

式(6-33)和式(6-35)的系数 F_1、F_2、F_3 和 F_4 由边界条件决定，根据边界的支承形式得到相应的边界条件分别如下。

固定端：

$$\mu_1(x) = 0；\mu_2(x) = 0$$

非固定端，由式(6-30)中后两式得：

$$\mu'_1(x) = \frac{N(x)}{R_1}(Z_4B_1 - Z_3B_2);\mu'_2(x) = \frac{N(x)}{R_1}(Z_1B_2 - Z_3B_1)$$

分段点处：

$\mu_1^{\mathrm{I}}(x) = \mu_1^{\mathrm{II}}(x);\mu_2^{\mathrm{I}}(x) = \mu_2^{\mathrm{II}}(x)$;

$$\mu'^{\mathrm{I}}_1(x) - \mu'^{\mathrm{II}}_1(x) = \frac{N^{\mathrm{I}}(x) - N^{\mathrm{II}}(x)}{R_1}(Z_4B_1 - Z_3B_2);$$

$$\mu'^{\mathrm{I}}_2(x) - \mu'^{\mathrm{II}}_2(x) = \frac{N^{\mathrm{I}}(x) - N^{\mathrm{II}}(x)}{R_1}(Z_1B_2 - Z_3B_1)$$

式中，符号上标 I、II 表示分段的段号。

由式(6-33)和式(6-1)～式(6-3)根据正应力与正应变的关系，最后可求得轴力作用下考虑剪力滞效应时截面的正应力。

上翼板法向正应力：

$$\sigma_{\mathrm{f1}} = E\frac{\partial\mu_{\mathrm{f}}^{\mathrm{u}}(x,y)}{\partial x} = \frac{N(x)}{A} + E\left[\left(\frac{B_1}{A} - h_{\mathrm{u}}\right)\mu'_1 + \left(\frac{B_2}{A} + \frac{y^2}{b^2} - 1\right)\mu'_2\right] \tag{6-36}$$

悬臂板法向正应力：

$$\sigma_{\mathrm{f2}} = E\frac{\partial\mu_{\mathrm{f}}^{\mathrm{u}}(x,y)}{\partial x} = \frac{N(x)}{A} + E\left\{\left(\frac{B_1}{A} - h_{\mathrm{u}}\right)\mu'_1 + \left[\frac{B_2}{A} + \frac{y^2}{(\xi_1 b)^2} - 1\right]\mu'_2\right\} \tag{6-37}$$

下翼板法向正应力：

$$\sigma_{\mathrm{fb}} = E\frac{\partial\mu_{\mathrm{f}}^{\mathrm{b}}(x,y)}{\partial x} = \frac{N(x)}{A} + E\left\{\left(\frac{B_1}{A} - h_{\mathrm{b}}\right)\mu'_1 + \left[\frac{B_2}{A} + \frac{y^2}{(\xi_2 \mathrm{b})^2} - 1\right]\mu'_2\right\} \tag{6-38}$$

腹板法向正应力：

$$\sigma_{\mathrm{w}} = E\frac{\partial\mu_{\mathrm{w}}(x,z)}{\partial x} = \frac{N(x)}{A} + E\left[\left(\frac{B_1}{A} - |z|\right)\mu'_1 + \frac{B_2}{A}\mu'_2\right] \tag{6-39}$$

式中，符号含义同前面相应各式的说明。

由式(6-36)～式(6-39)可以看出，在轴向力作用下考虑剪力滞效应时，截面法向正应力由两部分组成，其一为按简单轴心受压理论计算得到的应力，其二为考虑剪力滞效应后引起的附加应力。求出轴力引起的截面正应力后，根据第2章中剪力滞系数的概念，同样可以定义轴力产生的剪力滞系数 λ_{N}（下标 N 表示与轴力有关的剪力滞系数），于是可以得到弯矩和轴力共同作用时的综合剪力滞系数 λ，定义如下：

$$\lambda = \frac{\lambda_{\mathrm{N}}\bar{\sigma}_{\mathrm{N}} + \lambda_M\eta\bar{\sigma}_{\mathrm{M}}}{\bar{\sigma}_{\mathrm{N}} \pm \eta\bar{\sigma}_{\mathrm{M}}} \tag{6-40}$$

式中：λ_N——轴力产生的剪力滞系数；

λ_M——弯矩产生的剪力滞系数；

η——轴向力引起的弯矩增大系数；

$\bar{\sigma}_N$ 和 $\bar{\sigma}_M$ ——按初等梁理论所计算的轴力、弯矩所产生的应力。

6.1.4 算例验证与参数分析

为验证本文理论分析，下面将结合有机玻璃试验模型对简支梁在轴力作用下的剪力滞效应进行分析。先按理论分析进行计算，然后同试验结果以及有限元分析值相比较。模型尺寸如图6-2所示，跨长800mm，两简支端作用轴心压力P，材料弹性模量为$E=2800\text{MPa}$，泊松比为$\upsilon=0.385$。

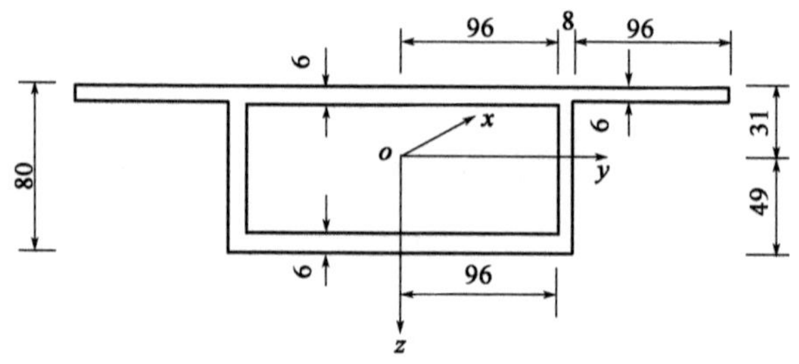

图6-2 算例截面示意(尺寸单位:mm)

根据弯矩作用下剪力滞系数的含义，轴力作用下的剪力滞系数λ_N可以定义为：

$$\lambda_N=\frac{\text{考虑剪力滞效应后的正应力}}{\text{按初等理论计算的正应力}}$$

下列图中，用λ_N^e表示翼板上与腹板相交点($y=b$)的剪力滞系数；翼板中点处($y=0$)的剪力滞用λ_N^c表示；用λ_N^w表示腹板上$z=0$点的剪力滞系数即截面形心轴与腹板相交点。图中的“本书值1”表示腹板位移模式按抛物线变化假定所计算的值；“本书值2”表示腹板位移模式按线性变化假定所计算的值；有限元值为按壳单元利用大型通用程序ANSYS所计算的值；实测值为赵鸿铁提供的试验值。图6-3所示为1/8截面剪力滞系数分布，从中可以看出除悬臂端部外，腹板位移按抛物线或线性假定所计算的值与实测值以及有限元值吻合得都较好，表明本文所作的翼板位移假定符合实际。

图6-4和图6-5分别示出了3/16和1/4截面的剪力滞系数分布。从图中剪力滞系数分布可以看出，腹板位移模式无论是按线性或抛物线假定，悬臂板端部

一定范围内剪力滞系数均出现较大的偏差。有限元值偏小，本书值偏大，即悬臂板端部实际的纵向位移要小于按假定位移模式所计算的值。

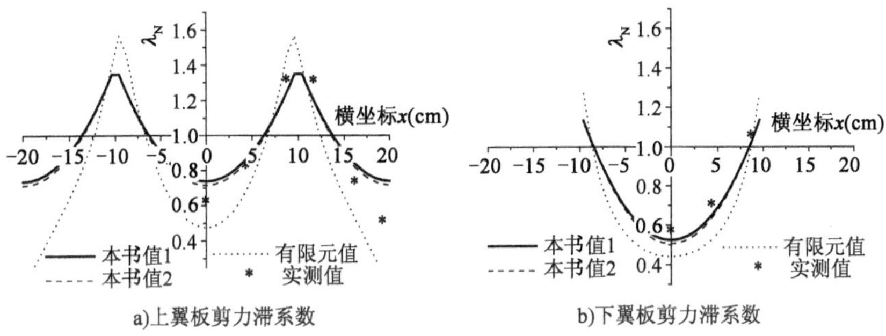

图 6-3 1/8 截面剪力滞系数分布

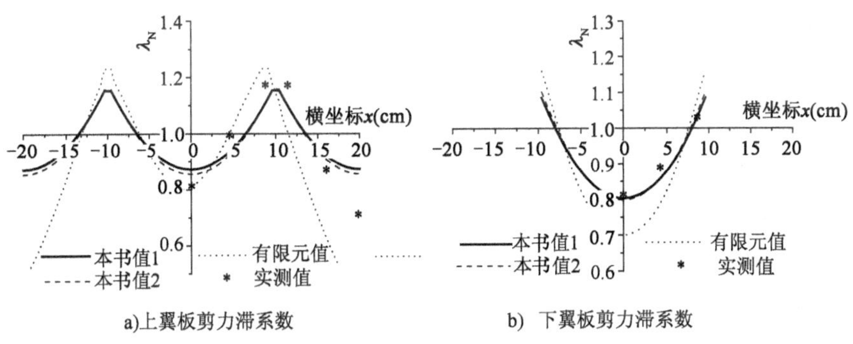

图 6-4 3/16 截面剪力滞系数分布

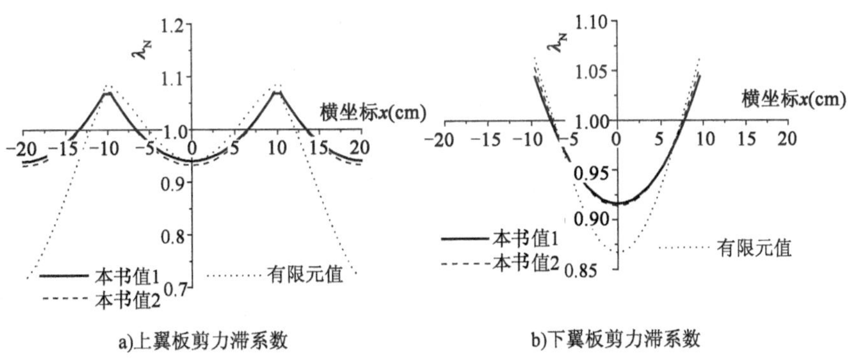

图 6-5 1/4 截面剪力滞系数分布

如图 6-6 所示为截面剪力滞系数沿梁长度方向的分布,图中横坐标为计算截面到原点的距离与跨长的比值。从图中可以看出,在轴力作用下,截面剪力滞系数随着截面位置向跨中移动而逐渐趋于平缓,即轴向力对截面剪力滞效应的影响主要在梁端部一定范围内,在梁端约 2 倍腹板间距($2B$)的范围内,剪力滞系数变化率很大,此后截面剪力滞系数变化非常缓慢,其值在1.006 ~ 1.08 之间,因此可以认为轴力引起的剪力滞效应仅在梁端 $2B$ 范围给予考虑。

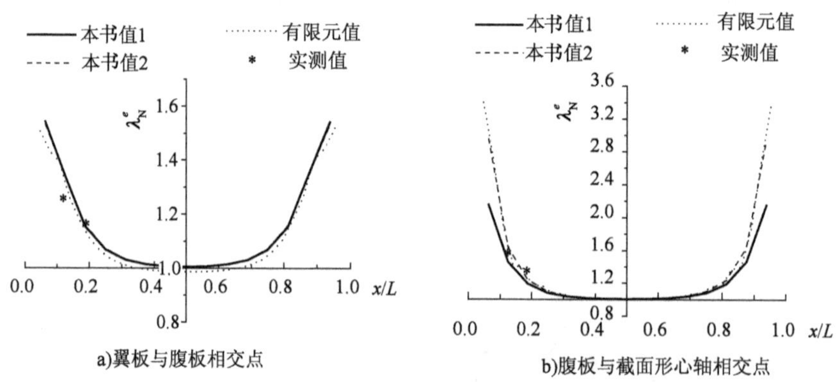

图 6-6 剪力滞系数沿跨度方向的分布

从上述图中可以看出,在轴力作用下,翼板纵向位移模式按二次抛物线假定,而腹板纵向位移模式分别按线性和二次抛物线假定时,两者计算得到的翼板剪力滞系数与实测值以及有限元值均较吻合。其中腹板按线性假定计算得到的值更吻合,图 6-7 中给出了两种腹板位移模式下腹板的剪力滞系数分布。从图中可以看出,按线性假定时,在轴力作用方向上出现较大的应力集中现象,与有限元分析(图中未示出)以及实测值的趋势相同且较吻合;而腹板按抛物线假定时计算得到的值明显小于实测以及有限元值,故腹板按线性假定时符合整个

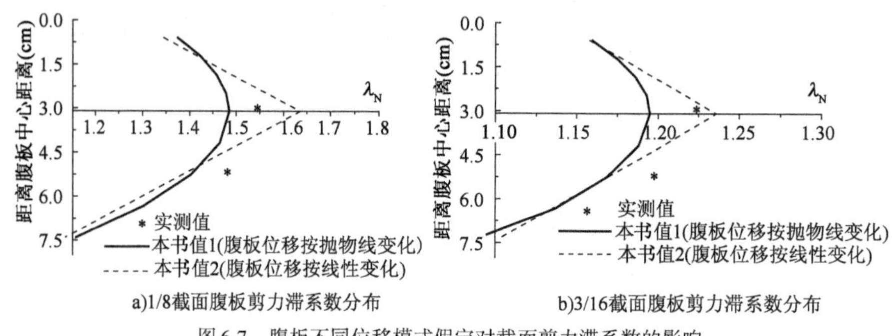

图 6-7 腹板不同位移模式假定对截面剪力滞系数的影响

截面的情况。由图6-6可知翼板有效宽度B_f将从梁端截面开始逐渐增大，当截面距离梁端$2B$时，有效宽度B_f将接近翼板宽度B。翼板有效宽度随计算截面位置的变化如表6-1所示，表中给出了两种宽跨比(B/L)下的值。

翼板有效宽度随截面位置的变化 表6-1

有效宽度与翼板宽之比	截面到梁端的距离 x 与跨长 L 的比值(x/L)				
	0.05	0.10	0.15	0.20	0.25
B_f/B_1	0.542	0.677	0.812	0.906	0.958
B_f/B_2	0.605	0.761	0.887	0.958	0.986

注：$2B_1/L=0.24$，$2B_2/L=0.18$。

由表6-1可以看出，宽跨比越大，剪力滞效应越明显，对应的翼板有效宽度也小。当x/L值接近宽跨比$2B/L$时，有效宽度B_f与翼板宽度B的比值接近常数(0.958)，梁端与该截面之间的翼板有效宽度分布呈抛物线变化。x/L的比值大于此值的截面，可近似认为翼板截面应力分布均匀，不存在剪力滞效应。

上述分析均假定翼板位移按二次抛物线变化。为进一步分析翼板位移模式的影响，针对腹板上述两种位移模式假定，分别计算翼板采用二次、三次和四次抛物线时的剪力滞系数。图6-8所示为1/4截面上翼板剪力滞系数分布，对于其他截面也可以得到类似的分布。

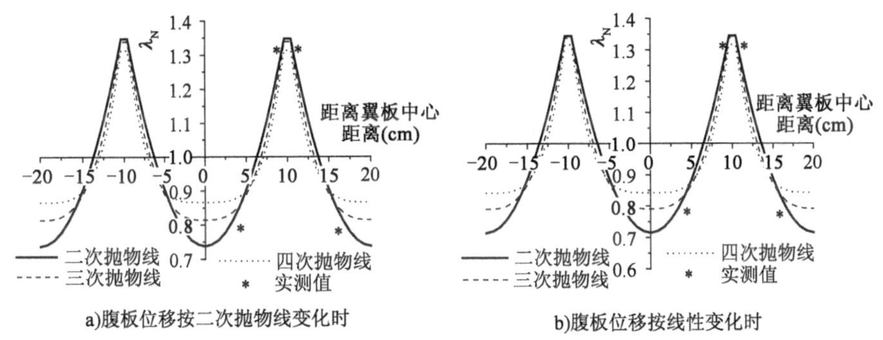

图6-8 翼板不同位移模式假定对截面剪力滞系数的影响

从图中可以看出，在翼板与腹板交点处三种抛物线假定所计算的值很接近，但在其他点处，仅有二次抛物线假定所计算的值与实测值较吻合，更进一步验证了本文所作的假定是符合实际的，是可行的。

6.2 压弯荷载作用下斜拉桥剪滞效应分析

斜拉桥箱形主梁截面形式和作用荷载如图6-9所示，梁长取两斜拉索间梁段长度，外荷载包括梁端弯矩、轴力、剪力以及作用在梁段上的荷载。对于等截面梁，本文采用能量变分法来建立考虑梁柱效应的剪力滞效应微分方程。

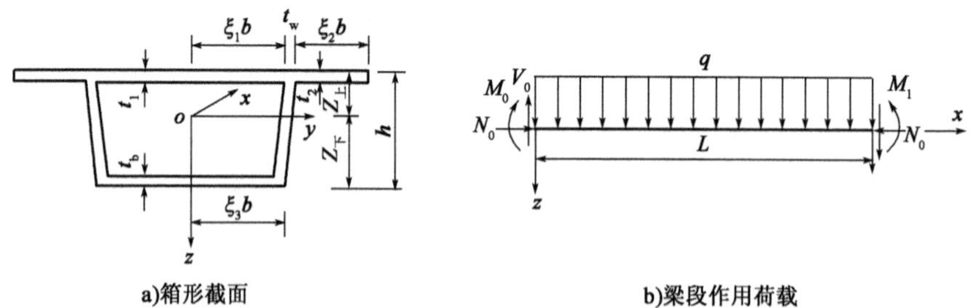

图6-9 箱梁横截面以及梁段作用荷载示意

6.2.1 基本假定

在上述荷载作用下，箱梁满足以下几个假定。

(1)翼板的纵向位移假设按三次抛物线变化，如下式所示：

$$u_i(x,y) = \mp Z_{上(下)}\left\{\frac{\mathrm{d}w}{\mathrm{d}x} + \left[1 - \frac{y^3}{(\xi_i b)^3}\right]u(x)\right\} \tag{6-41}$$

式中：$u(x)$——剪切转角的最大值；

$Z_{上(下)}$——分别为上、下翼板的中面距截面形心轴的距离；

w——梁的挠度。

(2)腹板部分的变形仍采用平截面假定，且在总应变能中略去轴向变形的影响。

(3)翼板的竖向压缩、横向应变和横向弯曲以及翼板平面外的剪切变形均很小，可以忽略不计，即$\varepsilon_z = \varepsilon_y = \gamma_{xz} = \gamma_{yz} = 0$。

6.2.2 基本微分方程与求解

上、下翼板以及腹板的应变能同第2章相应的计算表达式，即式(2-5)、式(2-6)和式(2-7)所示，荷载势能包括下列几项。

竖向荷载：

$$\overline{V}_q = -\int_0^l q(x)w(x)\mathrm{d}x$$

轴向荷载：

$$\overline{V}_N = -\frac{N}{2}\int_0^l w'^2(x)\mathrm{d}x$$

端弯矩：

$$\overline{V}_M = [M(x)w'(x)]_0^l$$

端剪力：

$$\overline{V}_V = -[V(x)w(x)]_0^l$$

将上式和式(2-5)～式(2-7)代入体系总势能表达式(2-9)得到：

$$\Pi = -\int_0^l q(x)w\mathrm{d}x - \frac{N}{2}\int_0^l w'^2\mathrm{d}x + [M(x)w']_0^l - [V(x)w]_0^l + \frac{1}{2}\int_0^l EI_{\mathrm{w}}(w'')^2\mathrm{d}x +$$

$$\frac{1}{2}\int_0^l E\left(I_{\mathrm{f}}w''^2 + \frac{3}{2}I_{\mathrm{f}}w''u' + \frac{9}{14}I_{\mathrm{f}}u'^2 + \frac{9G}{5E}\cdot\frac{1}{b^2}I_{\mathrm{f1}}u^2\right)\mathrm{d}x \tag{6-42}$$

根据变分原理 $\delta\Pi = 0$，并通过分部积分整理后得到：

$$\int_0^l\left[EIw'''' + \frac{3}{4}EI_{\mathrm{f}}u''' + Nw'' - q(x)\right]\delta w\mathrm{d}x + E\left(\frac{3}{4}I_{\mathrm{f}}w'' + \frac{9}{14}I_{\mathrm{f}}u'\right)\delta u\Big|_0^l -$$

$$\int_0^l\left[-E\left(\frac{3}{4}I_{\mathrm{f}}w'' + \frac{9}{14}I_{\mathrm{f}}u''\right) + \frac{9GI_{\mathrm{f1}}}{5b^2}u\right]\delta u\mathrm{d}x - \left[M(x) + EIw'' + \frac{3}{4}EI_{\mathrm{f}}u'\right]\delta w'\Big|_0^l -$$

$$\left[EIw''' + \frac{3}{4}EI_{\mathrm{f}}u'' + Nw' + V(x)\right]\delta w\Big|_0^l = 0 \tag{6-43}$$

由变分法基本原理由式(6-43)可得到微分方程及有关的边界条件如下：

$$\left.\begin{aligned}
&EIw'''' + \frac{3}{4}EI_{\mathrm{f}}u''' + Nw'' - q(x) = 0\\
&EI_{\mathrm{f}}\left(-\frac{3}{4}w''' - \frac{9}{14}u'' + \frac{9G}{5Eb^2}\cdot\frac{I_{\mathrm{f1}}}{I_{\mathrm{f}}}u\right) = 0\\
&\left[EIw''' + \frac{3}{4}EI_{\mathrm{f}}u'' + Nw' + V(x)\right]\delta w\Big|_0^l = 0\\
&\left[EIw'' + \frac{3}{4}EI_{\mathrm{f}}u' + M(x)\right]\delta w'\Big|_0^l = 0\\
&\left[\frac{3}{4}EI_{\mathrm{f}}w'' + \frac{9}{14}EI_{\mathrm{f}}u'\right]\delta u\Big|_0^l = 0
\end{aligned}\right\} \tag{6-44}$$

式中：$M(x)$——端弯矩；

N——端轴力；

$V(x)$——端剪力；

$q(x)$——竖向荷载；

其余符号意义见第 2 章中的相应说明。

引入算子解法中的 D 算子，方程式(6-44)中前两个微分方程简化为：

$$\left.\begin{aligned}\left(D^4+\frac{N}{EI}D^2\right)w+\frac{3I_s}{4I}D^3u&=\frac{q}{EI}\\D^3w+\left(\frac{6}{7}D^2-\frac{12G\beta}{5Eb^2}\right)u&=0\end{aligned}\right\}\tag{6-45}$$

由式(6-45)可求出 w、u：

$$\left.\begin{aligned}(D^6-z_1D^4-z_2D^2)w&=D^2\frac{nq}{EI}-\frac{z_2q}{N}\\(D^6-z_1D^4-z_2D^2)u&=-D^3\frac{q}{EI}\end{aligned}\right\}\tag{6-46}$$

上述两式中，$n=1/(1-\frac{7I_f}{8I})$；$\beta=\frac{I_{f1}}{I_f}$；$k=\frac{14\beta Gn}{5Eb^2}$；$z_1=(1-\frac{5Nb^2}{14\beta GI})k$；$z_2=\frac{Nk}{EI}$。

对于横向荷载 q 为线性变化或均布情况时，由式(6-46)可求出原微分方程组(6-44)的解为：

$$\left.\begin{aligned}w(x)&=c_1+c_2x+c_3\mathrm{ch}\phi_1x+c_4\mathrm{sh}\phi_1x+c_5\cos\phi_2x+c_6\sin\phi_2x+\frac{q}{2N}x^2\\u(x)&=s_1(c_4\mathrm{ch}\phi_1x+c_3\mathrm{sh}\phi_1x)+s_2(c_6\cos\phi_2x-c_5\sin\phi_2x)\end{aligned}\right\}\tag{6-47}$$

其中，$\phi_1=\sqrt{\frac{z_1}{2}+\sqrt{\left(\frac{z_1}{2}\right)^2+z_2}}$；$\phi_2=\sqrt{-\frac{z_1}{2}+\sqrt{\left(\frac{z_1}{2}\right)^2+z_2}}$；

$s_1=-\frac{4(EI\phi_1^2+N)}{3EI_s\phi_1}$；$s_2=-\frac{4(EI\phi_2^2-N)}{3EI_s\phi_2}$。

系数 $c_1\sim c_6$ 通过边界条件求解，边界条件如下。

(1)简支边：$w=0, w''=-\frac{nM(x)}{EI}, u'=\frac{7nM(x)}{6EI}$；

(2)固定边：$w=0, w'=0, u=0$；

(3)自由边：$w''=-\frac{nM(x)}{EI}, u'=\frac{7nM(x)}{6EI}, EIw'''+\frac{3}{4}EI_fu''+Nw'+V(x)=0$；

(4)定向支承边：$w'=0, u=0, EIw'''+\frac{3}{4}EI_fu''+V(x)=0$；

(5)中间分段点的连续条件：

$$\left.\begin{aligned}&\left[EIw''' + \frac{3}{4}EI_{\mathrm{f}}u'' + Nw' + V(x)\right]\Big|_{x_1}^{x_2} = 0\\&\left[EIw'' + \frac{3}{4}EI_{\mathrm{f}}u' + M(x)\right]\Big|_{x_1}^{x_2} = 0\\&\left[\frac{3}{4}EI_{\mathrm{f}}w'' + \frac{9}{14}EI_{\mathrm{f}}u'\right]\Big|_{x_1}^{x_2} = 0\\&w_1 = w_2, w'_1 = w'_2, u_1 = u_2\end{aligned}\right\}$$

下标 1 和 2 分别表示两个连续梁段的分段号，x_1、x_2分别表示两个连续分段在 x 处的坐标值。

6.2.3　数值算例

算例一

为验证本书理论分析，仍采用 6.1.4 节中的有机玻璃试验模型，模型截面如图 6-2 所示，梁长为 800mm，材料弹性模量为 $E=3000\mathrm{MPa}$，泊松比为 $\upsilon=0.385$，分别受到横向均布荷载加轴向力以及跨中横向集中力加轴向力作用。

图 6-10 示出了考虑梁柱效应时，跨中截面上翼板剪力滞系数 λ^e 的横向分布，为了比较轴向力的影响程度，同时在图中示出了不考虑轴向力作用时的剪力滞系数 λ^e。λ^e为上翼板与腹板相交处的剪力滞系数。

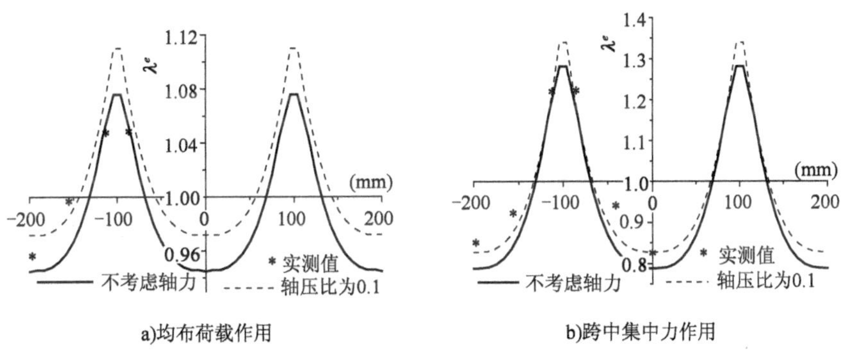

图 6-10　考虑梁柱效应时跨中截面 λ^e 横向分布

由图 6-10 可以看出，无论作用荷载为均布荷载或集中力，考虑梁柱效应时剪力滞系数 λ^e明显大于不考虑轴向力时的值，对于其他截面也如此。

为进一步分析轴向力大小对剪力滞系数 λ^e的影响，图 6-11 示出了不同轴压

比下 λ^e的变化规律。轴压比定义为构件受到的轴向压力与其屈服轴向压力的比值。从图中可以看出,随着轴压比的增加,剪力滞系数 λ^e相应地呈抛物线状增加。

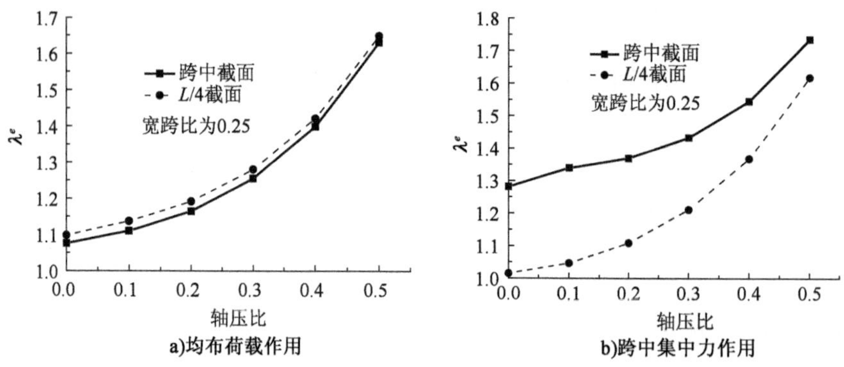

图 6-11 轴压比对剪力滞系数 λ^e的影响

宽跨比是影响箱梁剪力滞效应的一个主要因素。图 6-12 中示出了考虑梁柱效应时,宽跨比对跨中截面剪力滞系数 λ^e的影响,图中同时示出了不考虑轴向力作用时的值。从图中可以看出,考虑梁柱效应时,跨中截面剪力滞系数 λ^e随宽跨比增加的幅度明显大于不考虑轴向力作用时的值,并且轴压比越大增加的幅度也越大。

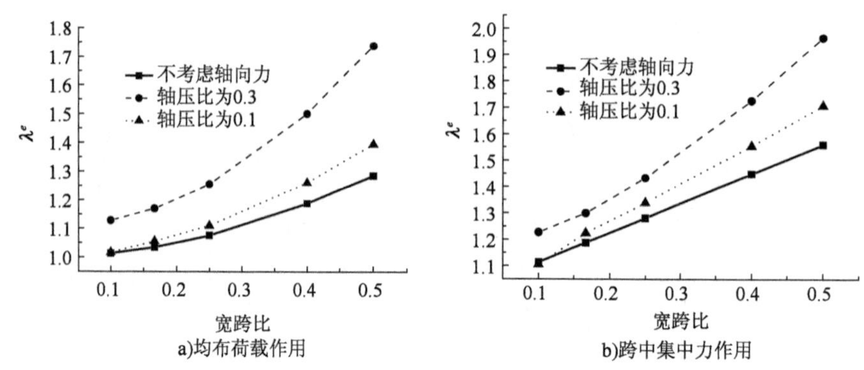

图 6-12 宽跨比对跨中截面 λ^e的影响

算例二

下面将结合混凝土试验模型,采用本书方法来分析箱梁在弯压状态下的应力以及剪力滞效应。梁横截面如图 6-13a)所示,采用 C50 混凝土材料,弹性模

量取实测值 $E=24600\text{MPa}$,泊松比为 0.1667,梁轴向力为 $N=4500\text{kN}$,横向集中力为 $P=300\text{kN}$,荷载作用点以及测试截面分布如图 6-13b)所示。由实测应变计算得到的应力不包括自重和预应力筋产生的应力,只包括试验所施加荷载产生的应力。

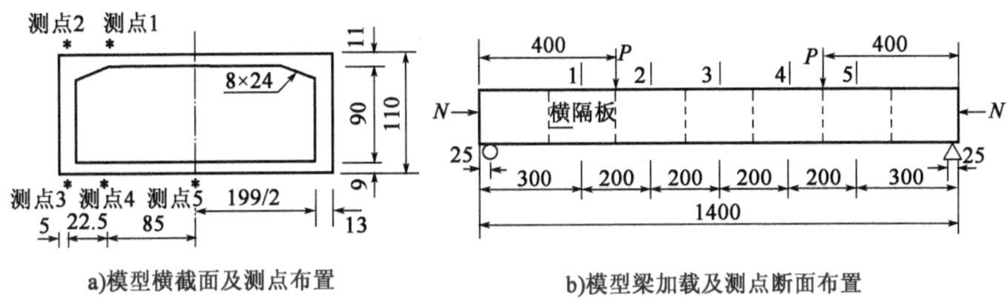

图 6-13　计算模型简图(尺寸单位:mm)

表 6-2 ~ 表 6-4 分别为如图 6-13a)所示 1-1 ~ 3-3 截面中测点的应力值,压应力为负,拉应力为正。表中误差一为本书方法计算值与试验值之差和两者平均值之比,误差二为本书方法计算值与有限元值之差和两者平均值之比,均采用绝对值计算。

截面 1-1 应力分布(轴向力 4500kN + 竖向力 300kN)　　表 6-2

测点应力(MPa)	试验值	本书方法计算值	有限元值	误差一	误差二
1	-8.295	-9.434	-9.468	12.84%	0.36%
2	-8.083	-9.553	-9.485	16.67%	0.71%
3	-0.954	-1.742	-2.586	58.45%	39.00%
4	-1.219	-1.747	-2.540	35.60%	36.49%
5	-1.511	-1.751	-2.436	14.70%	32.72%

截面 2-2 应力分布(轴向力 4500kN + 竖向力 300kN)　　表 6-3

测点应力(MPa)	试验值	本书方法计算值	有限元值	误差一	误差二
1	-9.911	-10.529	-10.550	6.05%	0.20%
2	-9.700	-10.647	-10.488	9.31%	1.51%
3	-0.663	-0.891	-0.888	33.86%	0.34%
4	-0.716	-0.924	-1.000	25.37%	7.90%
5	-0.583	-1.010	-1.231	53.61%	19.72%

截面 3-3 应力分布(轴向力 4500kN + 竖向力 300kN)　　表 6-4

测点应力(MPa)	试验值	本书方法计算值	有限元值	误差一	误差二
1	-10.256	-10.729	-10.546	4.51%	1.72%
2	-9.461	-10.730	-10.426	12.57%	2.87%
3	-0.742	-0.717	-1.041	3.43%	37.42%
4	-0.795	-0.719	-1.085	10.04%	40.65%
5	-0.504	-0.721	-1.121	35.43%	43.43%

由表 6-2 ~ 表 6-4 应力值可以看出,本书方法计算的应力值与实测值是吻合的。为消除测试偶然误差,采用测点平均应力后计算上、下翼板的误差分别在 4.51% ~14.75% 和 5.52% ~37.55% 内,并且应力变化趋势相同。本书方法计算值与有限元值的误差,上、下翼板分别在 0.18% ~2.30% 和 9.89% ~40.54% 之间,对于上翼板两者应力很吻合,下翼板个别点误差较大但变化趋势相吻合。表中值除个别点外均比实测值大,而小于有限元值,说明本文计算结果是可靠的。

6.3　宜宾中坝桥剪力滞效应试验研究与分析

6.3.1　桥梁概况

中坝金沙江大桥为独塔双索面混凝土斜拉桥(图 6-14),跨径 175m + 252m,桥宽30m,索距6m。为了便于施工,主梁采用双主肋的形式(图6-15),由于桥

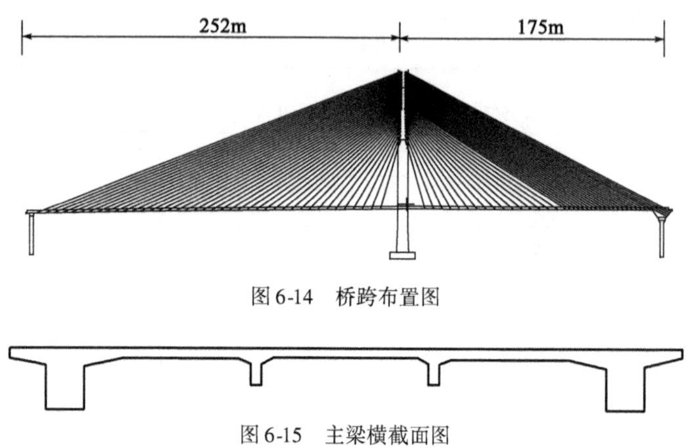

图 6-14　桥跨布置图

图 6-15　主梁横截面图

面较宽，两个边主肋间横向距离大，若按规范直接考虑剪滞影响则主梁应力增大约30%，根据多座桥梁的经验，实际剪滞影响要小得多，若完全根据规范进行设计则会造成巨大的浪费，因此需要进行模型试验来找到合理的剪滞系数。同时为了解决纵向应力在断面上分布不均匀的问题，设计方在双主肋中加设了两道小纵肋。该主梁断面形式在国内尚属首次采用，为了验证该断面的有效性，也需要进行模型试验。

6.3.2　试验目的以及模拟方法

目前设计计算均采用初等梁理论进行应力验算，由于剪滞效应的存在，主梁纵向应力在断面上横向分布是不均匀的，初等梁理论计算出的仅仅是平均应力，因此主梁某些部位的应力将超过初等梁理论的计算结果，甚至可能超过允许应力而导致破坏。然而《公路钢筋混凝土及预应力混凝土桥涵设计规范》（JTG D62—2012）对于剪滞的计算仍然停留在比较初级的阶段，如果按照桥规来进行计算的话，对于采用该截面形式的斜拉桥而言会造成比较大的浪费。在设计中为了避免浪费，必须采用试验和可靠的分析方法来计算剪力滞效应。因此，需要进行模型试验来验证结构设计的安全性及合理性，从而为超越规范提供试验依据。

一般来讲，采用混凝土来制作模型能够比有机玻璃更好地反映实桥的真实情况，但若混凝土构件尺寸太小会导致无法配筋及浇筑，通常采用大比例尺模型，所以试验选用了混凝土大比例尺模型。

考虑实桥顶板厚度为25cm，试验构件厚度不宜小于5cm，故最终采用了1/5的比例来进行试验。为了准确模拟实桥，模型长度大约是模型宽度的2倍。故方案采用了9个梁段，宽跨比为1:1.8，这与以往的混凝土节段模型试验所采用的宽跨比基本一致。

索塔采用试验室的反力墙来模拟，反力墙尺寸为11m高×9m宽×3m厚。该反力墙能够承受较大的水平荷载，并且具有足够的刚度。

斜拉索采用单根预应力钢绞线来模拟，在钢绞线下方装有穿心式压力传感器以测定钢绞线的拉力。

混凝土主梁内采用无黏结预应力钢绞线来模拟主梁预应力筋。另外顶板内的精轧螺纹钢由于模型顶板厚度太小而无法模拟，故仅在主肋内设置预应力筋。

横梁预应力采用体外预应力筋，由于主要试验工作集中于测试主梁顺桥向（纵向）压力，故该体外索仅保证横隔板在加载时不至于破坏。

6.3.3 试验与计算结果分析

整个模型设置了两个测试断面，一个位于模型跨中附近，一个位于模型的根部附近。跨中附近的测试断面为主要测试断面，该部分受模拟的边界条件影响基本已经消除。根部断面为比较测试断面，通常根部断面剪滞系数最大，对该断面的测试可以给出整个梁体剪滞的上限。

在每个测试断面上以断面中线为对称轴设置了40个测点，测点布置位置见图6-16。

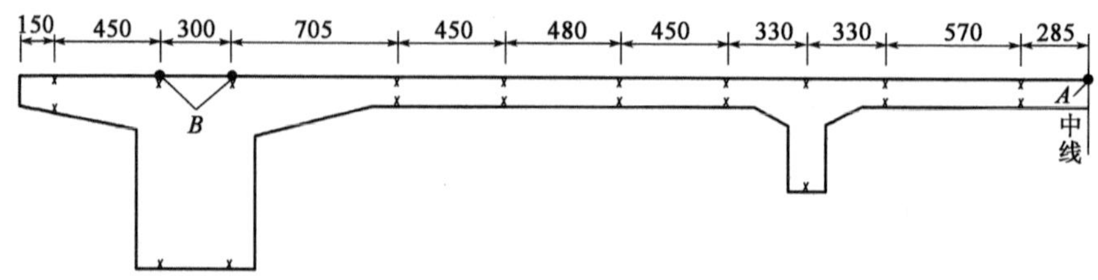

图6-16 测试断面测点布置(尺寸单位:mm)

在每个测点上采用L形布置来贴应变片，但对于不可能存在横向应变的测点仅设置沿纵向的应变片。测试结果按照10个工况给出，如表6-5所示。

试验测试工况内容 表6-5

序号	测试工况	序号	测试工况
1	完成C8索的张拉，模型落架	6	调索
2	张拉主肋顶2排预应力筋	7	压重另外1/2
3	张拉主肋底2排预应力筋	8	悬臂端设置支座，在跨中加集中力模拟活载
4	张拉C7～C1斜拉索	9	工况1～7累加，模拟主梁悬臂浇筑的工况
5	压重1/2	10	工况1～8累加，模拟成桥后施加活载工况

根据表6-5中所列的工况顺序，采用本书的计算方法分别计算了各工况下测试断面顶板的剪力滞系数，如表6-6所示。表中计算值1为采用有限元方法计算得到的值，截面中点和主肋处剪力滞系数分别为图6-16中A点和B的值。

从表6-5中可以看出，本书计算值与测试值、有限元法计算值相吻合；个别点出现差异是由于本书采用光滑曲线假定模式，以及测试值可能出现的测试误差造成的。在不同工况下，截面出现了正、负剪力滞现象。导致这种现象的主要因素是斜拉桥为高次超静定结构，多个荷载作用下，应力叠加后可能会出现不同情况的剪力滞效应。模拟悬臂施工的工况9在跨中截面出现了负剪力滞效应，正常运营下的工况10在跨中截面出现正剪力滞效应。

各工况下顶板剪力滞系数　　表6-6

工况	截面	采用方法	中点剪力滞系数	主肋处剪力滞系数
1	跨中截面	测试值	0.80	1.20
		计算值1	0.80	1.20
		本书方法计算值	0.83	1.15
	根部截面	测试值	0.68	1.30
		计算值1	0.68	1.30
		本书方法计算值	0.72	1.32
2	跨中截面	测试值	0.92	1.10
		计算值1	0.76	1.08
		本书方法计算值	0.85	1.12
	根部截面	测试值	1.01	0.97
		计算值1	0.99	1.02
		本书方法计算值	1.12	0.86
3	跨中截面	测试值	1.05	0.98
		计算值1	1.17	0.73
		本书方法计算值	1.13	0.87
	根部截面	测试值	0.89	1.11
		计算值1	0.63	1.30
		本书方法计算值	0.78	1.21
4	跨中截面	测试值	-1.27	2.92
		计算值1	-0.88	2.96
		本书方法计算值	-0.96	2.85
	根部截面	测试值	0.81	1.23
		计算值1	0.71	1.24
		本书方法计算值	0.84	1.18
5	跨中截面	测试值	1.15	0.90
		计算值1	0.74	0.93
		本书方法计算值	1.01	0.90
	根部截面	测试值	0.88	1.16
		计算值1	0.79	1.17
		本书方法计算值	0.81	1.20

续上表

工况	截面	采用方法	中点剪力滞系数	主肋处剪力滞系数
6	跨中截面	测试值	1.73	0.22
		计算值1	1.71	0.10
		本书方法计算值	1.82	0.26
	根部截面	测试值	0.81	1.19
		计算值1	0.81	1.19
		本书方法计算值	0.78	1.17
7	跨中截面	测试值	1.15	0.90
		计算值1	0.74	0.93
		本书方法计算值	1.10	0.87
	根部截面	测试值	0.88	1.16
		计算值1	0.79	1.17
		本书方法计算值	0.91	1.19
8	跨中截面	测试值	0.73	1.18
		计算值1	0.74	1.22
		本书方法计算值	0.76	1.54
	根部截面	测试值	0.73	1.16
		计算值1	0.66	1.34
		本书方法计算值	0.78	1.23
9	跨中截面	测试值	1.11	0.90
		计算值1	1.38	0.83
		本书方法计算值	1.26	0.92
	根部截面	测试值	0.75	0.88
		计算值1	0.99	1.32
		本书方法计算值	0.88	1.21
10	跨中截面	测试值	0.84	1.10
		计算值1	0.92	1.10
		本书方法计算值	0.78	1.21
	根部截面	测试值	0.72	1.23
		计算值1	0.57	1.34
		本书方法计算值	0.65	1.15

图6-17～图6-21为几个典型工况下截面剪力滞系数横向分布，图中计算值1为有限元值。由于截面对称，图中仅示出半截面剪力滞系数横向分布。

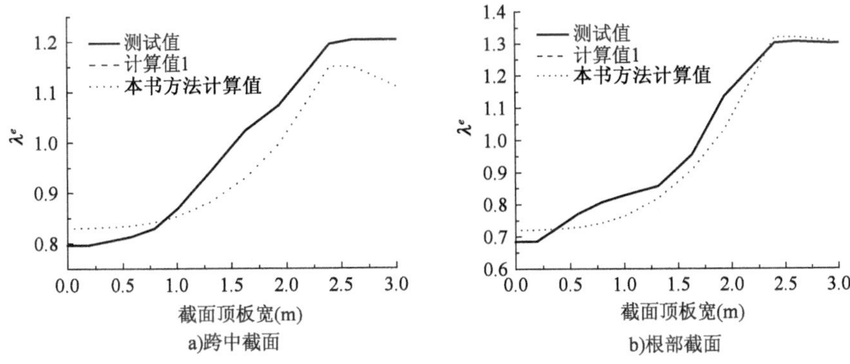

图6-17　截面剪力滞系数横向分布（工况1）

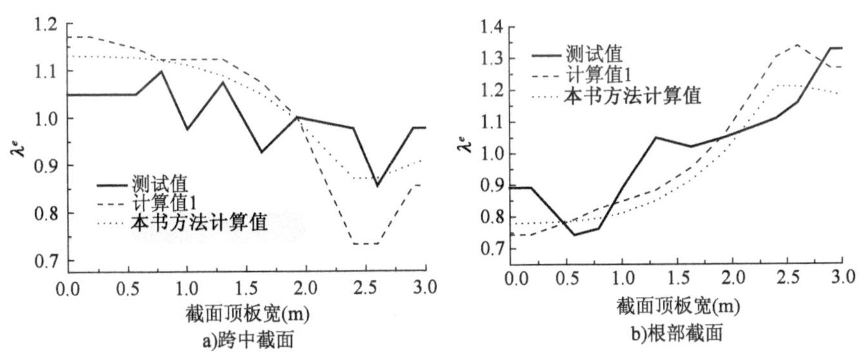

图6-18　截面剪力滞系数横向分布（工况3）

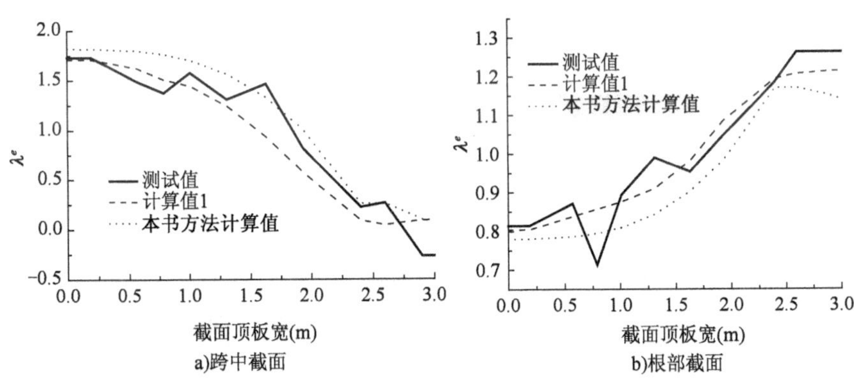

图6-19　截面剪力滞系数横向分布（工况6）

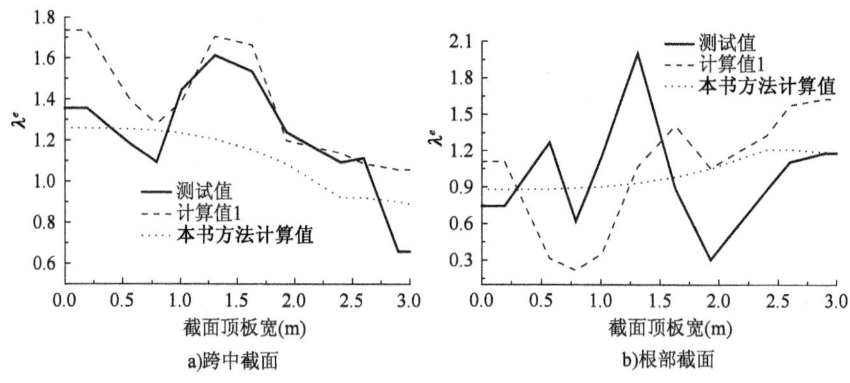

图6-20　截面剪力滞系数横向分布(工况9)

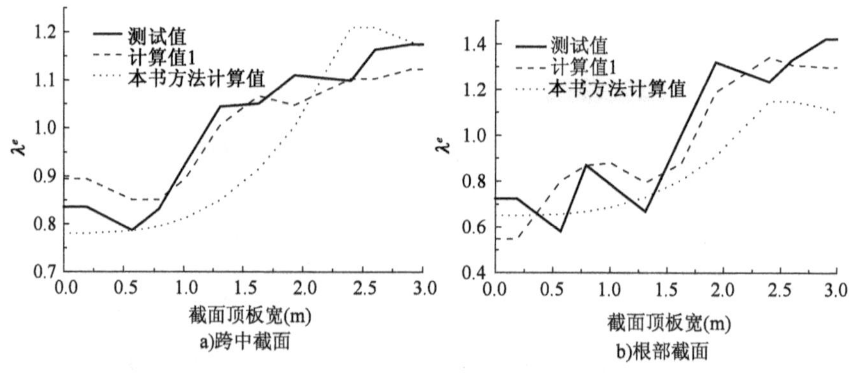

图6-21　截面剪力滞系数横向分布(工况10)

从图6-17~图6-21中可以看出,除个别点外,本书方法计算的剪力滞系数横向分布曲线介于测试值和有限元值之间,说明本书方法计算结果能够反映横截面剪力滞系数分布规律。

6.4　本章小结

斜拉桥在荷载作用下承受弯矩与轴力的共同作用,且为高次超静定结构,分析其剪力滞效应不同于一般结构。根据小变形理论和叠加原理,将弯矩和轴力分开处理,利用能量变分法求解弯矩和轴力作用下的剪力滞效应,在分析弯矩作用时考虑了梁轴效应。通过算例分析可以得到以下结论:

①在轴力作用下,腹板纵向位移模式按线性假定时与实测值更加吻合,如图6-7所示;轴力引起的剪力滞效应具有局部特性,即在轴力作用范围约2倍腹板间距内较明显,其他位置截面应力分布逐渐均匀,如图6-5和表6-1所示。

②考虑梁轴效应时,截面剪力滞系数 λ^e 大于不考虑时的值,如图6-10所示。随着轴压比的增加剪力滞系数 λ^e 也相应地增加,且呈抛物线趋势增加,如图6-11所示。

③宽跨比对剪力滞效应的影响比较明显,其影响程度与是否考虑梁轴效应有关。考虑梁轴效应时宽跨比的影响更加明显,如图6-12所示。

④通过实桥大比例模型试验可以看出,斜拉桥在不同工况作用下会出现正、负剪力滞现象。正常运营阶段在塔梁固结处出现最大正剪力滞效应,剪力滞系数达到1.34,而在最不利施工阶段主梁中部会出现负剪力滞效应。

参 考 文 献

[1] LEE JAN. Effective width of Tee-beams[J]. The Structural Engineer,1962,40(1):21-47.

[2] 程海根,强士中. 钢—混凝土组合箱梁剪力滞效应级数解[J]. 土木工程,2004,37(9):37-40.

[3] KRISTEK V,STUDNICKA J. Negative Shear lag in flanges of plated structures[J]. Journal of Structural Engineering. 1991,117(12):3553-3569.

[4] 程海根,强士中. 钢—混凝土组合箱梁考虑滑移时剪力滞效应分析[J]. 中国铁道科学,2003,24(6):49-52.

[5] 蔡松柏,李存权. 箱形梁桥剪力滞效应的精确分析[J]. 中南公路工程,1989,(3):33-41.

[6] TAHERIAN A R,EVANS H R. The bar simulation method for the calculation of shear lag in multicell and continuous box girder[J]. Proc. Inc in Civ Engrs,1977,2(63):881-897.

[7] 程翔云,汤康恩. 计算箱形梁桥剪力滞效应的比拟杆法[J]. 中南公路工程,1984(1):65-73.

[8] 郭金琼,房贞政,罗孝登. 箱形梁桥剪滞效应分析[J]. 土木工程学报,1983,16(1):1-13.

[9] 程翔云,罗旗帜. 箱梁在压弯荷载共同作用下的剪力滞[J]. 土木工程学报,1991,24(1):52-64.

[10] 程翔云. 悬臂薄壁箱梁的负剪力滞[J]. 上海力学,1987(2):52-62.

[11] 程 海根,强士中. 变截面悬臂箱梁剪力滞效应分析[J]. 公路,2003(3):54-56.

[12] 谢旭,黄剑源. 薄壁箱型桥梁约束扭转下翘曲、畸变和剪滞效应的空间分析[J]. 土木工程学报,1995,28(4):3-14.

[13] 李乔,唐亮,万臻,等. 宜宾中坝桥剪力滞试验报告,2000.

[14] 钱伟长. 广义变分原理[M]. 北京:知识出版社,1985.

[15] 程海根,刘建村,曾润忠. 钢—混凝土组合梁考虑滑移时收缩徐变应力分析[J]. 南昌大学学报(工科版),2006,27(2):52-55.

[16] HAIGEN CHENG. analytic solutions of shear lag on steel-concrete composite T-girder under simple bending [J]. The open civil engineering journal,2015, 04:150-154.

[17] 程海根,强士中. 钢—混凝土组合简支箱梁剪力滞效应分析[J]. 西南交通大学学报,2002,37(4):362-366.

[18] HAIGEN CHENG. Analysis of Stress and Deflection about Steel-Concrete Composite Girders Considering Slippage and Shrink & Creep under bending [J]. The open civil engineering journal,2015,05:171-176.

[19] 程海根,李垂天,凌青松. PC 连续梁桥施工监测中应力测试影响因素分析[J]. 公路交通科技,2012,88(4):147-150.

[20] 程海根,王美英,李雪超,等. 大气环境下混凝土箱梁横截面温度场试验研究[J]. 公路交通科技,2012,88(4):142-146.

[21] 林元培. 斜拉桥[M]. 北京:人民交通出版社,1994.

[22] 强士中,郝超,等. 宁波桥加固方案模型试验报告[R]. 成都:西南交通大学桥梁及结构工程系,2000.